使用不同混合模式产生的效果

Flash CS6
中文版应用教程(第三版)

》 制作元宝娃娃诞生效果

》 制作运动文字效果

数字媒体研究室

数字媒体研究室

本书实例精彩效果赏析

《 制作蓝天中翔翔的飞机效果

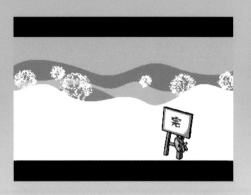

《 创建遮罩动画

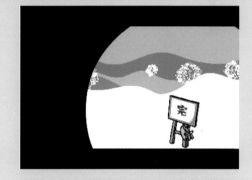

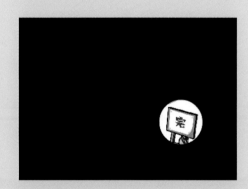

Flash CS6
中文版应用教程(第三版)

中文版应用教程(第三版)

» 制作寄信动画效果

» 制作迪尼斯城堡动画

本书实例精彩效果赏析

《 制作电话铃响的效果

《 制作跳转画面效果

Flash CS6
中文版应用教程(第三版)

中文版应用教程(第三版)

》在不同帧绘制不同的填充图形

》制作花样百叶窗效果

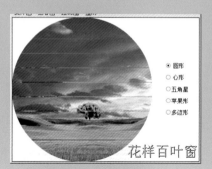

《 水滴落水动画效果

Flash CS6
中文版应用教程(第三版)

》 制作《趁火打劫》动作动画

》 飞机飞行的不同镜头效果

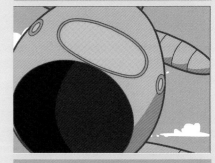

高等院校计算机规划教材·多媒体系列

Flash CS6 中文版应用教程

（第三版）

张　凡　等编著

设计软件教师协会　审

中国铁道出版社

CHINA RAILWAY PUBLISHING HOUSE

内 容 简 介

本书属于实例教程类图书，全书共分9章，主要内容包括：Flash CS6 概述，Flash CS6 的绘制与编辑，Flash CS6 的基础动画，Flash CS6 的高级动画，图像、声音与视频，交互动画，组件与行为，Flash 动画的测试与发布，综合实例。

本书定位准确，教学内容新颖，深度适当，在编写形式上完全按照教学规律编写，理论和实践部分的比例恰当，非常适合实际教学。本书配套光盘与教材结合紧密，内容包括书中用到的全部素材和结果，以及全书基础知识部分的电子课件。

本书适合作为高等院校相关专业的教材，也可作为社会培训班的教材，以及动画设计爱好者的自学和参考用书。

图书在版编目（CIP）数据

Flash CS6 中文版应用教程 / 张凡等编著. — 3 版. —
北京 : 中国铁道出版社，2015.2
高等院校计算机规划教材. 多媒体系列
ISBN 978-7-113-19658-5

Ⅰ. ①F… Ⅱ. ①张… Ⅲ. ①动画制作软件—高等学
校—教材 Ⅳ. ①TP391.41

中国版本图书馆 CIP 数据核字（2014）第 288910 号

书　　名：Flash CS6 中文版应用教程（第三版）
作　　者：张　凡　等编著

策　　划：祁　云　　　　　　　　　　读者热线：400-668-0820
责任编辑：祁　云　彭立辉
封面设计：付　巍
封面制作：白　雪
责任校对：汤淑梅
责任印制：李　佳

出版发行：中国铁道出版社（100054，北京市西城区右安门西街 8 号）
网　　址：http://www.51eds.com
印　　刷：北京新魏印刷厂
版　　次：2008 年 12 月第 1 版　2011 年 5 月第 2 版　2015 年 2 月第 3 版　2015 年 2 月第 1 次印刷
开　　本：787mm×1092mm　1/16　印张：19.5　插页：4　字数：468 千
印　　数：1～3 000 册
书　　号：ISBN 978-7-113-19658-5
定　　价：45.00 元

高等院校计算机规划教材·多媒体系列

第三版前言

Flash CS6是Adobe公司开发的网页动画制作软件。它功能强大、易学易用，深受网页制作爱好者和动画设计人员的喜爱，已经成为这一领域最流行的软件之一。目前，我国很多院校和培训机构的艺术专业都将Flash作为重要的专业课程。

本书属于实例教程类图书，全书共分9章，主要内容如下：

第1章详细讲解了Flash动画的原理、主要应用领域、Flash CS6的操作界面，以及Flash文档的操作；第2章详细讲解了Flash图形的绘制、编辑，文本和对象的编辑，对象的修饰等方面的相关知识；第3章详细讲解了创建逐帧动画、补间形状动画和传统补间动画等方面的相关知识；第4章详细讲解了遮罩动画、引导层动画和场景动画等方面的相关知识；第5章详细讲解了导入图像、应用声音效果、压缩声音和视频的控制等方面的相关知识；第6章详细讲解了使用动作脚本、动画的跳转控制、按钮交互的实现、创建链接等方面的相关知识；第7章详细讲解了组件和行为方面的相关知识；第8章详细讲解了Flash动画的测试与发布等方面的相关知识；第9章综合利用前面各章的知识，讲解了"制作手机广告动画效果""制作天津美术学院网页"和"制作《趁火打劫》动作动画"3个实例的制作方法。

Flash CS6中文版应用教程（第三版）中添加了Flash CS6概述一章，从而使本书章节更加完整、合理；此外，在实例部分添加了制作手机广告动画效果、制作花样百叶窗效果、制作网站导航按钮等使用性更强的实例。同时为了便于学习，本书配套光盘中添加了与主教材相对应的完整电子课件。

本书是"设计软件教师协会"推出的系列教材之一，具有内容丰富、实例典型等特点。书中全部实例都是由中央美术学院、北京师范大学、清华大学美术学院、北京电影学院、中国传媒大学、天津美术学院、天津师范大学艺术学院、首都师范大学、山东理工大学艺术学院、河北职业艺术学院等院校具有丰富教学经验的知名教师和一线优秀设计人员从长期教学和实际工作中总结出来的。

本书由张凡等编著，由设计软件教师协会审定。参与编写的人员有：李岭、于元青、李建刚、程大鹏、李波、肖立邦、顾伟、宋兆锦、冯贞、王世旭、李羿丹、关金国、郑志宇、许文开、郭开鹤、宋毅、孙立中、于娥、张锦、王浩、韩立凡、王上、张雨薇、李营、田富源。

本书适合作为高等院校相关专业的教材，也可作为社会培训班的教材，以及平面设计爱好者的自学参考用书。

由于时间仓促，编者水平有限，书中难免存在疏漏与不足之处，敬请广大读者批评指正。

编　者
2014年10月

目　录

第1章

Flash CS6概述

📖 本章重点

Flash CS6主要应用于网页设计与制作、多媒体创作和移动数码产品终端等领域。Flash CS6是一个潜力巨大的平台，目前像手机、DVD、MP4等都涉及Flash。通过本章学习，读者应对Flash CS6有一个整体印象，为后面的学习奠定基础。

本章内容包括：

- Flash动画的原理；
- Flash动画的特点；
- Flash动画的主要应用领域；
- Flash CS6的操作界面；
- Flash文档的操作。

1.1　Flash动画的原理

所谓动画，其本质就是一系列连续播放的画面，利用人眼视觉的滞留效应呈现出的动态影像。大家可能接触过电影胶片，从表面上看，它们像一堆画面串在一条塑料胶片上。每一个画面称为一帧，代表电影中的一个时间片段。这些帧的内容总比前一帧稍有变化，当连续的电影胶片画面在投影机上放映时，就产生了运动的效果。

Flash动画的播放原理与影视播放原理是一样的，产生动画最基本的元素也是一系列静止的图片，即帧。在Flash的时间轴上每一个小格就是一帧，按理说，每一帧都需要制作，但Flash具有自动生成前后两个关键帧之间的过渡帧的功能，这就大大提高了Flash动画的制作效率。例如，要制作一个10帧的从圆形到多边形的动画，只要在第1帧处绘制圆形，在第10帧处绘制多边形，然后利用"创建补间形状"命令，即可自动添加这两个关键帧之间的其余帧。

1.2　Flash动画的特点

Flash作为一款多媒体动画制作软件，优势是非常明显的。它具有以下特点：

（1）矢量绘图。使用矢量图的最大特点在于无论放大还是缩小，画面永远都会保持清晰，不会出现类似位图的锯齿现象。

（2）Flash生成的文件体积小，适合在网络上进行传播和播放。一般几十兆字节的Flash源文件，输出后只有几兆字节。

（3）Flash的图层管理使操作更简便、快捷。例如，制作人物动画时，可将人的头部、身体、四肢放到不同的层上分别制作动画，这样可以有效避免所有图形元件都在一层内所出现的修改起来费时费力的问题。

1.3 Flash动画的主要应用领域

对于普通用户来说，只要掌握了Flash动画的基本制作方法和技巧，就能制作出丰富多彩的动画效果。这就使得Flash动画具有广泛的用户群，在诸多行业中得到广泛应用。

1. 网络广告

全球有超过6亿在线用户安装了Flash Player，这使得浏览者可以直接欣赏Flash动画，而不需要下载和安装插件。随着经济的发展，人们的物质生活水平不断提高，对娱乐服务的需求也在持续增长。在因特网上，由Flash动画引发的对动画娱乐产品的需求也将迅速增长。目前，越来越多的企业已经转向使用Flash动画技术制作网络广告，以便获得更好的效果。图1-1为使用Flash制作的网络广告效果。

图1-1　网络广告效果

2. 电视领域

随着Flash动画的发展，它在电视领域的应用已经不再局限于短片，还可用于电视系列片的生产，并成为一种新的形式，一些少儿动画电视台还开设了Flash动画的栏目，这使得Flash动画在电视领域的运用越来越广泛。图1-2为使用Flash制作的系列动画片《老鼠也疯狂》中的画面效果。

图1-2　使用Flash制作的系列动画片《老鼠也疯狂》中的画面效果

3. 音乐MTV

在我国，利用Flash制作MTV的商业模式已经被广泛应用。利用Flash制作的MTV可以生动、鲜明地表达出MTV歌曲中的意境，让欣赏者能轻松看懂并深入其中。Flash MTV提供了一条在唱片宣传上既能保证质量，又能降低成本的有效途径，并且成功地把传统唱片推广并扩展到网络经营的更大空间。图1-3为使用Flash制作的MTV效果。

图1-3　使用Flash制作的MTV效果

4. 教学领域

随着多媒体教学的普及，Flash动画技术越来越广泛地应用于课件制作中，使得课件功能更加完善，内容更加丰富。图1-4为使用Flash制作的电子课件效果。

图1-4　使用Flash制作的电子课件效果

5. 贺卡领域

网络发展也给网络贺卡带来了商机，越来越多的人在亲人朋友的重要日子里通过因特网发送贺卡，而传统的图片文字贺卡过于单调，这就使得具有丰富效果的Flash动画有了用武之地。图1-5为使用Flash制作的电子贺卡效果。

图1-5　使用Flash制作的电子贺卡效果

6. 游戏领域

Flash强大的交互功能搭配其优良的动画能力，使得它能够在游戏领域中占有一席之地。使用Flash中的影片剪辑、按钮、图形元件等进行动画制作，再结合动作脚本的运用，就能制作出精致的Flash游戏。由于它能够减少游戏中电影片段所占的数据量，因此可以节省更多的空间。图1-6为使用Flash制作的游戏画面效果。

图1-6 使用Flash制作的游戏画面效果

1.4 Flash CS6的操作界面

Flash CS6的操作界面由菜单栏、主工具栏、工具箱、时间轴、舞台和面板组组成，如图1-7所示。下面进行具体讲解。

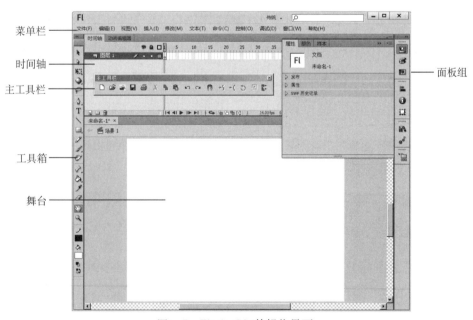

图1-7 Flash CS6的操作界面

1. 菜单栏

菜单栏中包括"文件""编辑""视图""插入""修改""文本""命令""控

制""调试""窗口"和"帮助"11个菜单，如图1-8所示。Flash CS6中的所有命令都包含在菜单栏的相应菜单中。

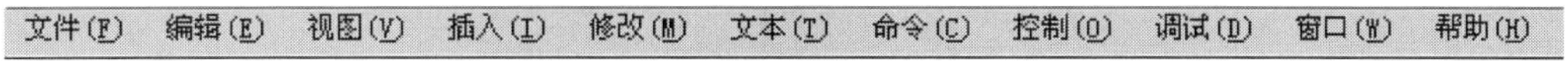

文件(F)　编辑(E)　视图(V)　插入(I)　修改(M)　文本(T)　命令(C)　控制(O)　调试(D)　窗口(W)　帮助(H)

图1-8　菜单栏

2. 主工具栏

Flash CS6将一些常用命令以按钮的形式放置在主工具栏中，如图1-9所示。下面就具体介绍主工具栏中各工具的相关功能。

图1-9　主工具栏

- ■ □ （新建）：用于新建一个Flash文件。
- ■ ☞ （打开）：用于打开一个已存在的Flash文件。
- ■ ☞ （转到Bridge）：用于打开文件浏览窗口，从中可以对文件进行浏览和选择。
- ■ 🖫 （保存）：用于保存当前正在编辑的Flash文件。
- ■ 🖨 （打印）：用于将当前编辑的内容送至打印机输出。
- ■ ✂ （剪切）：用于将选中的内容剪切到系统剪贴板中。
- ■ 🗋 （复制）：用于将选中的内容复制到系统剪贴板中。
- ■ 🗊 （粘贴）：用于将剪贴板中的内容粘贴到选定的位置。
- ■ ↰ （撤销）：用于取消前面的操作。
- ■ ↱ （重做）：用于还原被取消的操作。
- ■ 🧲 （贴紧至对象）：激活该按钮，可以在绘图时准确定位对象的位置，在设置动画路径时能自动粘连。
- ■ ⤳ （平滑）：用于使曲线或图形的外观更光滑。
- ■ ⤵ （伸直）：用于使曲线或图形的外观更平直。
- ■ ↻ （旋转与倾斜）：用于改变舞台对象的旋转角度和倾斜度。
- ■ ⧉ （缩放）：用于改变舞台对象的大小。
- ■ ⊫ （对齐）：用于调整舞台中多个选中对象的对齐方式。

3. 工具箱

工具箱提供了图形绘制和编辑的各种工具。Flash CS6的默认工具箱如图1-10所示。在工具箱中如果工具按钮右下角带有黑色小箭头，则表示该工具还有其他被隐藏的工具。

4. 时间轴

时间轴是进行Flash作品创作的核心部分，主要用于组织动画各帧中的内容，并控制动画在某一段时间内显示的内容。时间轴左边为图层区，右边为帧区，如图1-11所示，动画从左向右逐帧进行播放。关于时间轴的具体讲解参见3.1节"时间轴"面板。

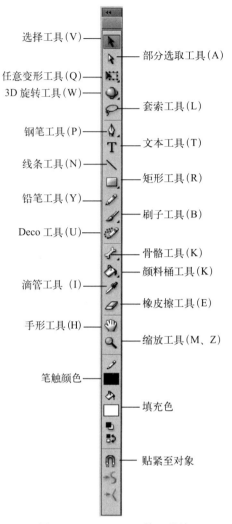

图1-10　Flash CS6的工具箱

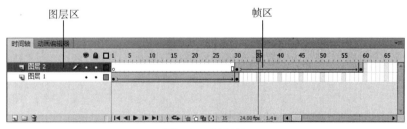

图1-11　时间轴

5. 舞台

舞台是Flash操作界面中最广阔的区域，主要用于编辑和播放动画。在舞台中可以放置、编辑矢量图、文本框、按钮、导入的位图图像和视频剪辑等对象。

6. 面板组

为了便于对面板进行管理，Flash CS6将大多数面板嵌入到面板组中。单击面板组中的图标可以显示出所对应的面板。

1.5 Flash文档的操作

在熟悉了Flash CS6的操作界面后，下面学习在制作动画过程中需要频繁使用的基本文档操作方法。

1.5.1 创建新文档

创建新文档有以下两种方法：

■ 执行菜单栏中的"文件|新建"（快捷键〈Ctrl+N〉）命令，在弹出的如图1-12所示的"新建文档"对话框中选择要创建的文档类型，单击"确定"按钮，即可完成文档创建。

■ 在如图1-13所示的启动界面中单击"新建"栏中要创建的文档类型，即可完成文档创建。

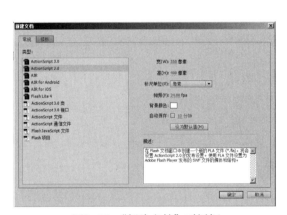

图1-12 "新建文档"对话框

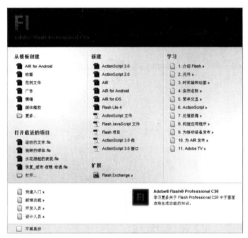

图1-13 启动界面

1.5.2 设置文档属性

新建一个空白的Flash文档后，用户可以执行菜单栏中的"修改|文档"（快捷键〈Ctrl+J〉）命令，在弹出的如图1-14所示的"文档设置"对话框中对该文档的尺寸、背景颜色、标尺单位和帧频进行重新设置。

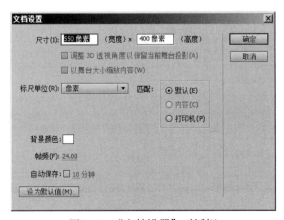

图1-14 "文档设置"对话框

1.5.3 保存文档

为了避免出现意外时丢失文档，在设置文档属性后，一定要及时保存文档。保存文档的具体操作步骤为：执行菜单栏中的"文件|保存"（快捷键〈Ctrl+S〉）命令，在弹出的如图1-15所示的"另存为"对话框中单击"保存在"下拉列表框后面的下拉按钮，选择要保存文档的文件夹，在"文件名"文本框中输入要保存文件的名称，然后单击"保存"按钮。在随后的操作过程中，可单击主工具栏中的 ■ （保存）按钮，对操作内容随时进行保存。

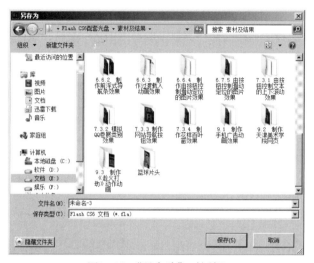

图1-15 "另存为"对话框

1.5.4 打开文档

如果要对已完成的动画文件进行修改，必须先将其打开。打开文档的具体操作步骤为：执行菜单栏中的"文件|打开"（快捷键〈Ctrl+O〉）命令，在弹出的如图1-16所示的"打开"对话框中选择要打开文件的位置和文件，然后单击"打开"按钮，或直接双击文件，即可打开选择的动画文件。

图1-16 "打开"对话框

课 后 练 习

1．填空题

（1）通过Flash绘制的图是_____，这种图的最大特点在于无论放大还是缩小，画面永远都会保持清晰，不会出现类似位图的锯齿现象。

（2）Flash CS6的操作界面由_____、_____、_____、_____、_____和_____组成。

2．选择题

（1）创建新文档的快捷键是_____。

    A．Ctrl+A　　　　　B．Ctrl+D　　　　　C．Ctrl+N　　　　　D．Ctrl+S

（2）保存文档的快捷键是_____。

    A．Ctrl+A　　　　　B．Ctrl+D　　　　　C．Ctrl+N　　　　　D．Ctrl+S

3．问答题

（1）简述Flash的特点。

（2）简述Flash的主要应用领域。

第2章

Flash CS6的绘制与编辑

本章重点

Flash CS6拥有强大的绘图功能，它提供了多种绘图工具，用户可以通过对每种工具进行不同的选项设置，绘制出不同效果的图形。此外，对于绘制好的图形，还可以进行相关的编辑操作。

对于Flash中的不同对象（包括元件、位图、文本等），用户还可以进行相关的修饰和编辑操作。通过本章学习，读者应掌握Flash CS6中不同对象的绘制与编辑的操作方法。

本章内容包括：

■ 图形的绘制和编辑；

■ 文本的编辑；

■ 对象的编辑；

■ 对象的修饰；

■ "对齐"面板和"变形"面板的使用。

2.1 图形的绘制

Flash CS6的工具箱中提供了多种绘图工具，运用其绘制出的内容为矢量图形，这些矢量图形可以进行任意缩放而不会出现失真，对文件大小也不会有影响。下面具体介绍这些绘图工具的使用方法。

2.1.1 线条工具

使用 （线条工具）可以绘制出从起点到终点的直线。选择工具箱中的 ，然后在舞台中单击确定直线的起点，拖动鼠标到直线终点的位置释放鼠标即可完成直线的绘制，效果如图2-1所示。用户还可以在如图2-2所示的线条工具的"属性"面板中对已绘制的直线的"笔触高度""笔触颜色""样式"等参数进行修改。

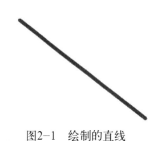

图2-1　绘制的直线

图2-2　线条工具的"属性"面板

下面主要介绍线条的样式。单击"样式"右侧的下拉列表，可以从中选择所需要的线条样式，如图2-3所示；单击  （编辑笔触样式）按钮，可以在弹出的如图2-4所示的"笔触样式"对话框中设置除极细线以外的其余6种线条样式的类型。

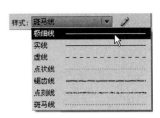

图2-3　选择样式

图2-4　"笔触样式"对话框

■ 实线：最适合于在Web上使用的线形。此线形的设置可以通过"粗细"和"锐化转角"两项来设定。

■ 虚线：带有均匀间隔的实线。可以通过"笔触样式"对话框对短线和间隔的长度进行调整，如图2-5所示。

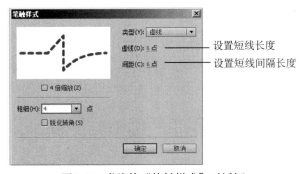

图2-5　虚线的"笔触样式"对话框

■ 点状线：绘制的直线由间隔相等的点组成。与虚线不同的是，点状线只有点的间隔距离可调整，如图2-6所示。

■ 锯齿线：绘制的直线由间隔相等的粗糙短线构成。它的粗糙程度可以通过"图案""波高"和"波长"3个选项来进行调整，如图2-7所示。在"图案"选项中有"实线""简单""随机""点状""随机点状""三点状""随机三点状"7种样式可供选择；在"波高"选项中有"平坦""起伏""剧烈起伏""强烈"4个选项可供选择；在"波长"选项中有"非常短""较短""中""长"4个选项可供选择。

■ 点刻线：绘制的直线可用来模拟艺术家手刻的效果。点描的品质可通过"点大小""点变化"和"密度"3个选项进行调整，如图2-8所示。在"点大小"选项中有"很小""小""中""大"4个选项可供选择；在"点变化"选项中有"同一大小""微小变化""不同大小""随机大小"4个选项可供选择；在"密度"选项中有"非常密集""密集""稀疏""非常稀疏"4个选项可供选择。

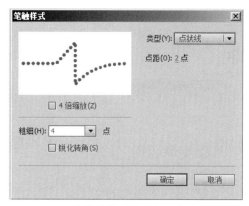

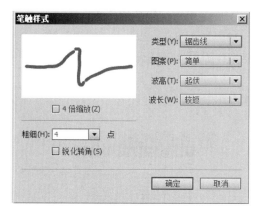

图2-6　点状线的"笔触样式"对话框　　　　图2-7　锯齿线的"笔触样式"对话框

■ 斑马线：绘制复杂的阴影线，可以精确模拟艺术家手画的阴影线，产生无数种阴影效果，这可能是Flash绘图工具中复杂性最高的操作，如图2-9所示。它的参数有："粗细""间隔""微动""旋转""曲线""长度"。其中，"粗细"选项中有"极细线"、"细"、"中""粗"4个选项可供选择；"间隔"选项中有"非常近""近""远""非常远"4个选项可供选择；"微动"选项中有"无""弹性""松散""强烈"4个选项可供选择；"旋转"选项中有"无""轻微""中""自由"4个选项可供选择；"曲线"选项中有"直线""轻微弯曲""中等弯曲""强烈弯曲"4个选项可供选择；"长度"选项中有"相等""轻微变化""中等变化""随机"4个选项可供选择。

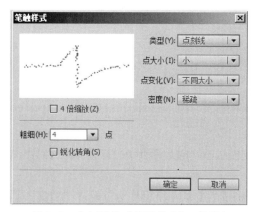

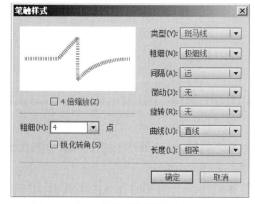

图2-8　点刻线的"笔触样式"对话框　　　　图2-9　斑马线的"笔触样式"对话框

2.1.2　矩形工具和椭圆工具

▢ （矩形工具）和 ◯ （椭圆工具）是创建平面图形时最常用的工具，下面介绍这两种工具的使用方法。

1. 矩形工具

选择工具箱中的 ▢ ，然后在舞台中单击并拖动鼠标，直到创建了适合形状和大小的矩形后释放鼠标，即可创建一个矩形图形。绘制的矩形由笔触和填充两部分组成，如图2-10所示。如果要对这两部分进行调整，可以在"属性"面板中进行相应的设置，如图2-11所示。

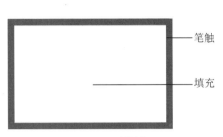

图2-10 绘制的矩形

图2-11 矩形工具的"属性"面板

如果在绘制矩形的同时按住键盘上的〈Shift〉键，然后在舞台中进行拖动，可以绘制出正方形。此外，在绘制矩形之前，用户还可以通过"属性"面板对一些特殊参数进行设置，如图2-12所示。

■ ⌒和⌐（矩形角半径）：用于指定矩形的角半径。用户可以在框中输入半径的数值，或单击滑块相应地调整半径的大小。如果输入负值，则创建的是反半径。还可以取消选择限制角半径图标，然后分别调整每个角半径。

■ 重置：将重置所有"基本矩形"工具控件，并将在舞台上绘制的基本矩形形状恢复为原始大小和形状。

图2-13为设置不同参数后绘制的矩形效果。

图2-12 矩形工具的"属性"面板
特殊参数设置

（a）⌒和⌐矩形角半径为0

（b）⌒和⌐矩形角半径为20

图2-13 设置不同参数后绘制的矩形效果

提示

绘制矩形后，用户只可以对其笔触和填充属性进行相应修改，而不能对⌒和⌐（矩形角半径）参数进行更改。

2．椭圆工具

选择工具箱中的○，然后在舞台中单击并拖动鼠标，直到创建了适合形状和大小的椭圆后释放鼠标，即可创建一个椭圆图形，如图2-14所示。如果要对椭圆的笔触和填充进行调整，可以在"属性"面板中进行相应的设置，如图2-15所示。

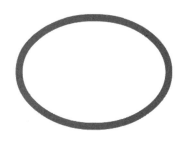

图2-14 绘制的椭圆形

图2-15 椭圆工具的"属性"面板

如果在绘制椭圆图形的同时按住键盘上的〈Shift〉键，然后在舞台中进行拖动，可以绘制出正圆形。此外，在选择工具箱中的 ，绘制椭圆之前，用户还可以通过"属性"面板对一些特殊参数进行设置，如图2-16所示。

- 开始角度和结束角度：用于指定椭圆的起始点和结束点的角度。使用这两个控件可以轻松地将椭圆和圆形的形状修改为扇形、半圆形及其他有创意的形状。

- 内径：用于指定椭圆的内径（即内侧椭圆）。用户可以在框中输入内径的数值，或单击滑块相应地调整内径的大小。允许输入的内径数值范围为0~99，表示删除的椭圆填充的百分比。

- 闭合路径：用于指定椭圆的路径（如果指定了内径，则有多个路径）是否闭合。如果指定了一条开放路径，但未对生成的形状应用任何填充，则仅绘制笔触。默认情况下选择闭合路径。

图2-16 椭圆工具的"属性"面板特殊参数设置

- 重置：将重置所有"基本椭圆"工具控件，并将在舞台上绘制的基本椭圆形状恢复为原始大小和形状。

图2-17为设置不同参数后绘制的圆形效果。

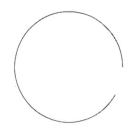

（a）选中"闭合路径"，"内径"为40　（b）选中"闭合路径"，"开始角度"为30　（c）未选中"闭合路径"，"开始角度"为30

图2-17 设置不同参数后绘制的圆形效果

💡 提示

绘制椭圆后，用户可以对其填充和线条属性进行相应修改，但不能对"内径"等参数进行更改。

2.1.3 基本矩形工具和基本椭圆工具

Flash CS6还提供了▢（基本矩形工具）和◉（基本椭圆工具）两种基本绘图工具。下面介绍这两种工具的使用方法。

1. 基本矩形工具

选择工具箱中的▢，然后在舞台中单击并拖动鼠标，直到创建了适合形状和大小的基本矩形后释放鼠标，即可创建出一个基本矩形，如图2-18所示。在创建了基本矩形后，还可以在"属性"面板中对其参数进行相应修改，如图2-19所示。

图2-18 创建的基本矩形　　　　　图2-19 基本矩形工具的"属性"面板

▢（基本矩形工具）与▢（矩形工具）的最大区别在于圆角设置。在使用▢绘制完基本矩形后，可以使用▸（选择工具）对基本矩形四周的任意控制点进行拖动（见图2-20），从而制作出圆角效果，如图2-21所示。此外，在"属性"面板中，还可以对绘制的基本矩形的圆角半径进行设置，而使用▢绘制的矩形就不能对其圆角半径进行重新设置。

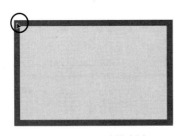

图2-20 拖动控制点　　　　　　　图2-21 圆角效果

2. 基本椭圆工具

选择工具箱中的◉，然后在舞台中单击并拖动鼠标，直到创建了适合形状和大小的基本椭圆后释放鼠标，即可创建出一个基本椭圆，如图2-22所示。在创建了基本椭圆后还可以在"属性"面板中对其参数进行相应修改，如图2-23所示。

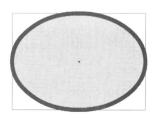

图2-22　创建的基本椭圆　　　　　　图2-23　基本椭圆工具的"属性"面板

　　　（基本椭圆工具）与　（椭圆工具）的最大区别在于椭圆选项设置。在使用　绘制完基本椭圆后，可以使用　（选择工具）对基本椭圆的右侧控制点进行拖动（见图2-24），从而改变椭圆的形状，如图2-25所示。此外，在"属性"面板中，还可以对绘制的基本椭圆的椭圆选项进行设置，而使用　绘制的椭圆就不能对其椭圆选项进行重新设置。

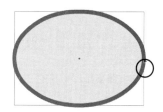

图2-24　拖动控制点　　　　　　　　图2-25　改变椭圆形状后的效果

2.1.4　多角星形工具

　　使用　（多角星形工具）可以绘制出多边形和星形。

　　选择工具箱中的　，然后在舞台中单击并拖动鼠标，直到创建了适合形状和大小的多边形后释放鼠标，即可创建出一个默认的五边形，如图2-26所示。在创建了多边形后还可以在"属性"面板中对其参数进行相应修改，如图2-27所示。

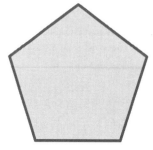

图2-26　创建的多边形　　　　　　　图2-27　多边形工具的"属性"面板

如果要创建的不是默认的五边形，则可以通过"工具设置"对话框进行设置。具体操作步骤为：选择工具箱中的 ，然后在"属性"面板中单击"选项"按钮，如图2-28所示。在弹出的"工具设置"对话框（见图2-29）中设置相关参数，此时如果将"样式"设置为"星形"，单击"确定"按钮，则结果如图2-30所示。

图2-28　单击"选项"按钮　　　图2-29　"工具设置"对话框　　　图2-30　绘制的星形

2.1.5　铅笔工具和刷子工具

在Flash中使用 ✐（铅笔工具）和 ✐（刷子工具）可以绘制出不同形状的线条。在绘图的过程中，如果能够合理使用这两种工具，不但可以有效地提高工作效率，还能绘制出丰富多彩的图形。下面介绍这两种工具的使用方法。

1. 铅笔工具

使用 ✐（铅笔工具）可以随意绘制出不同形状的线条，就像在纸上用真正的铅笔绘制一样。铅笔工具可以在绘图过程中拉直线条或者平滑曲线，还可以识别或者纠正基本几何形状。另外，还可以使用 ✐创建特殊形状，或者手工修改线条和形状。

选择工具箱中的 ✐时，在工具栏下部的选项部分将显示如图2-31所示的选项，单击 ◯（对象绘制）按钮，可以绘制互不干扰的多个图形，单击 ↖右侧的三角按钮，会出现如图2-32所示的下拉选项。这3个选项是铅笔工具的3种绘图模式。

■ 选择 ↖（直线化）时，系统会将独立的线条自动连接，接近直线的线条将自动拉直，摇摆的曲线将实施直线式的处理，效果如图2-33所示。

图2-31　铅笔工具选项栏　　　图2-32　下拉选项　　　图2-33　直线化效果

■ 选择 S. （平滑）时，将缩小Flash自动进行处理的范围。在"平滑"选项模式下，线条拉直和形状识别都被禁止。绘制曲线后，系统可以进行轻微的平滑处理，端点接近的线条彼此可以连接，效果如图2-34所示。

■ 选择 ✎. （墨水）选项时，将关闭Flash自动处理功能。画的是什么样，就是什么样，不做任何平滑、拉直或连接处理，效果如图2-35所示。

图2-34　平滑效果　　　　　　　图2-35　墨水效果

2. 刷子工具

使用 ✎（刷子工具）可以绘制出刷子般的特殊笔触（包括书法效果），就好像在涂色一样。另外，在使用✎时，还可以选择刷子的大小和形状。图2-36为使用✎绘制的画面效果。

图2-36　使用✎(刷子工具)绘制的画面效果

💡 提示

与 ✎（铅笔工具）相比，✎（刷子工具）创建的是填充形状，笔触高度为0。填充可以是单色、渐变色或者用位图填充。而✎创建的只是单一的实线。另外，✎允许用户以非常规方式着色，可以选择在原色的前面或后面绘图，也可以选择只在特定的填充区域中绘图。

选择工具箱中的✎时，在工具栏下部的选项部分将显示如图2-37所示的选项，包括对象绘制、锁定填充、刷子模式、刷子大小和刷子形状5个选项。

- ■ （对象绘制）：用于绘制互不干扰的多个图形。
- ■ （刷子模式）：此选项中有"标准绘画""颜料填充""后面绘画""颜料选择"和"内部绘画"5种模式可供选择，如图2-38所示。图2-39为使用这5种刷子模式绘制的图形效果。

图2-37 刷子工具选项　　图2-38 刷子模式　　图2-39 使用5种刷子模式绘制图形的效果

如果选择了 （锁定填充）按钮，将不能再对图形进行填充颜色的修改，这样可以防止错误操作而使填充色被改变。

在刷子大小选项中共有从细到粗的8种刷子可供选择，如图2-40所示；在刷子形状选项中共有9种不同类型的刷子可供选择，如图2-41所示。

图2-40 刷子大小　　　　　　图2-41 刷子形状

2.1.6 钢笔工具

使用 （钢笔工具）可以绘制精确的路径，如平滑流畅的曲线或者直线，并可调整曲线段的斜率以及直线段的角度和长度。图2-42为使用 绘制的画面效果。

1. 使用钢笔工具绘制直线路径

使用 绘制直线路径的具体操作步骤如下：

（1）选择工具箱中的 ，然后将鼠标放置到舞台中直线路径要开始的位置单击，即可创建第1个锚点。

图2-42 使用 （钢笔工具）绘制的画面效果

（2）将鼠标移动到直线路径中第1条线段要结束的位置再次单击，即可创建出第2个锚点，如图2-43所示。

> 💿 提示
>
> 按住〈Shift〉键单击可以将线条限制为倾斜45°的倍数。

（3）同理，在舞台中其他位置继续单击，创建其他直线段，如图2-44所示。

图2-43 创建出第2个锚点　　　　　　　图2-44 创建其他直线段

（4）如果要结束直线路径的绘制，可以执行以下操作之一：

■ 结束开放路径的绘制。方法：在舞台中要结束直线路径绘制的位置双击，即可创建出直线路径的最后一个锚点，并结束该直线路径的绘制。此外，按住〈Ctrl〉键单击路径外的任何地方，也可以结束该直线路径的绘制。

■ 封闭开放路径。方法：将钢笔工具放置到第1个锚点上，如果定位准确，就会在靠近钢笔尖的地方出现一个小圆圈，单击或拖动，即可闭合路径，如图2-45所示。

2. 使用钢笔工具绘制曲线路径

使用 （钢笔工具）绘制曲线路径的具体操作步骤如下：

（1）选择工具箱中的 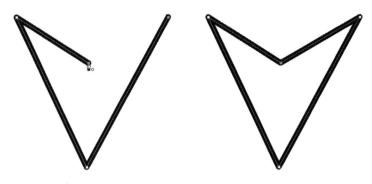，然后在舞台中的任意位置单击，此时舞台中会出现一个锚点，钢笔尖会变成▶形状。

图2-45　闭合路径

（2）在舞台中另一位置单击并拖动鼠标，将会出现曲线的切线手柄，如图2-46所示，此时释放鼠标即可绘制一条曲线段。

（3）按住〈Alt〉键，当鼠标指针变为▶形状时，即可移动切线手柄来改变接下来绘制的曲线的切线方向，如图2-47所示。

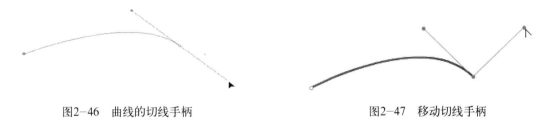

图2-46　曲线的切线手柄　　　　　　图2-47　移动切线手柄

（4）同理，在舞台中再选择一个位置，反方向拖动鼠标，如图2-48所示。然后，释放鼠标即可完成曲线段的绘制，如图2-49所示。

图2-48　改变切线方向　　　　　　图2-49　完成曲线段的绘制

3. 调整锚点

在使用 （钢笔工具）绘制完直线和曲线路径后，还可以根据需要在相应路径上进行添加、删除和转换锚点等操作。

（1）添加锚点：将 放置到路径上，当鼠标变为 形状时（见图2-50）单击，即可在该位置添加一个锚点，如图2-51所示。

（2）删除锚点：选择工具箱中的 （删除锚点工具），然后将其放置到需要删除的锚点上，如图2-52所示。单击，即可删除该位置的锚点，如图2-53所示。

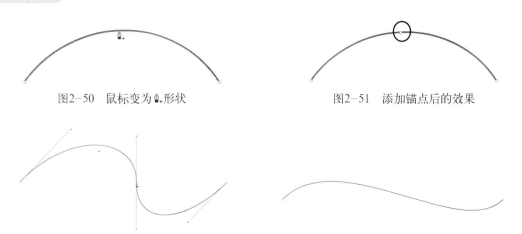

图2-50　鼠标变为 形状　　　　　　　　　　图2-51　添加锚点后的效果

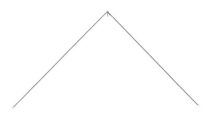

图2-52　将鼠标放置到需要删除的锚点上　　　图2-53　删除锚点后的效果

（3）转换锚点：锚点分为直线锚点和曲线锚点两种。如果要将曲线锚点转换为直线锚点，可以选择工具箱中的 （转换锚点工具），然后将其放置到需要转换的锚点上，如图2-54所示。再单击，即可将曲线锚点转换为直线锚点，如图2-55所示。如果要将直线锚点转换为曲线锚点，则可以将 放置到直线锚点上直接进行拖动。

图2-54　将鼠标放置到需要转换的锚点上　　　图2-55　转换锚点后的效果

4．设置路径的端点和接合

选择已经创建好的路径，然后进入如图2-56所示的"属性"面板，可以对其"端点"和"接合"选项进行设置。"端点"和"接合"选项用于设置线条的线段两端和拐角的类型，如图2-57所示。

图2-56　钢笔工具的"属性"面板　　　图2-57　端点和接合位置说明

"端点"类型包括"无""圆角"和"方形"3种，效果分别如图2-58所示。用户可以在绘制线条以前设置好线条属性，也可以在绘制完以后重新修改线条的这些属性。

(a) 无　　　　(b) 圆角　　　　(c) 方形

图2-58　端点类型

"接合"指的是在线段的转折处也就是拐角的地方以何种方式呈现拐角形状。有"尖角""圆角"和"斜角"3种方式可供选择，效果分别如图2-59所示。

当选择接合为"尖角"时，左侧的尖角限制文本框会变为可用状态，如图2-60所示。在这里可以指定尖角限制数值的大小，数值越大，尖角就越尖锐；数值越小，尖角会被逐渐削平。

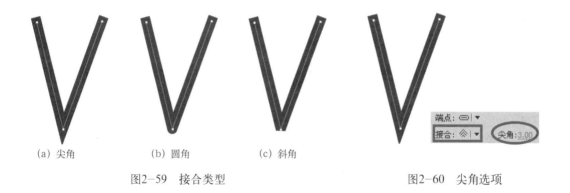

(a) 尖角　　　　(b) 圆角　　　　(c) 斜角

图2-59　接合类型　　　　　　　　　　　　图2-60　尖角选项

2.2　图形的编辑

在创建了图形后，还可以利用图形编辑工具改变图形的色彩、形态等属性，创建出充满变化的图形效果。下面就具体介绍这些图形编辑工具的使用方法。

2.2.1　墨水瓶工具

使用 ⬚（墨水瓶工具）可以改变矢量图形边线的颜色、线型和宽度，这个工具通常与 ⬚（滴管工具）连用。

选择工具箱中的 ⬚，此时在"属性"面板中就会出现如图2-61所示的参数选项。这些参数选项与 ⬚（铅笔工具）中的参数选项基本是一样的，这里不再赘述。

图2-62为使用 ⬚ 设置不同笔触高度后对人物图形进行描边的效果比较。

图2-61　墨水瓶工具的"属性"面板

图2-62　使用 🖊 （墨水瓶工具）设置不同笔触高度后对人物图形进行描边的效果比较

2.2.2　颜料桶工具

使用 🪣 （颜料桶工具）可以对封闭的区域、未封闭的区域以及闭合形状轮廓中的空隙进行颜色填充。填充的颜色可以是纯色也可以是渐变色。图2-63为绘制的图形和使用 🪣 对绘制的图形进行纯色填充的效果。图2-64为使用 🪣 对绘制的图形进行渐变色填充的效果。

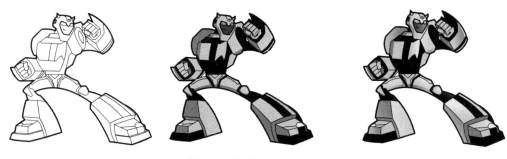

　（a）绘制的图形　　　　　（b）纯色填充效果

图2-63　绘制的图形和进行纯色填充的效果　　　图2-64　对绘制的图形进行渐变色填充的效果

选择工具箱中的 🪣 ，在工具箱下部的选项部分中将显示如图2-65所示的选项。这里共有两个选项：空隙大小、锁定填充。

在 ⃝ （空隙大小）选项中有"不封闭空隙""封闭小空隙""封闭中等空隙""封闭大空隙"4种选项可供选择，如图2-66所示。

图2-65　颜料桶工具选项　　　　　　　　　图2-66　空隙选项

如果选择了 🔒 （锁定填充）按钮，将不能再对图形进行填充颜色的修改，这样可以防止由于错误操作而使填充色被改变。

颜料桶工具的使用方法：首先在工具箱中选择 ，然后选择填充颜色和样式。接着单击 ◎ 按钮，从中选择一个空隙大小选项，最后单击要填充的形状或者封闭区域，即可填充。

提示

如果要在填充形状之前手动封闭空隙，请选择 ◎（不封闭空隙）按钮。对于复杂的图形，手动封闭空隙会更快一些。如果空隙太大，则用户必须手动封闭它们。

2.2.3 滴管工具

使用 ✐（滴管工具）可以从一个对象上复制填充和笔触属性，然后将它们应用到其他对象中。除此之外，滴管工具还可以从位图图像中进行取样用作填充。下面就介绍滴管工具的使用方法。

1. 吸取填充色

选择工具箱中的 ✐，将鼠标移动到如图2-67所示的左侧图形的填充色上，此时鼠标变为 ✐形状。然后，在填充色上单击，吸取填充色样本。此时，鼠标变为 ✐形状，表示填充色已经被锁定。最后，在工具箱中单击下方的 ▣（锁定填充）按钮，取消填充锁定，此时鼠标变为 ✐ 形状，再将鼠标移动到如图2-67所示的右侧图形的填充色单击，即可将左侧图形的填充色填充给右侧图形，如图2-68所示。

图2-67 鼠标变为 ✐形状　　　　　图2-68 将左侧图形的填充色填充给右侧图形

2. 吸取笔触属性

选择工具箱中的 ✐（滴管工具），将鼠标放置到左侧图形的外边框上，此时鼠标变为 ✐形状，如图2-69所示。然后，在左侧图形的外边框上单击，吸取笔触属性，此时鼠标变为 ✐形状，最后将鼠标移动到右侧图形的外边框上，单击，此时右侧图形的外边框的颜色和样式即会被更改，如图2-70所示。

图2-69 鼠标变为 ✐形状　　　　　图2-70 将左侧图形的笔触属性填充给右侧图形

3. 吸取位图图案

使用 可以吸取外部导入的位图图案。首先导入一张位图图像，按快捷键 〈Ctrl+B〉，将位图分离，如图2-71所示。然后，绘制一个正圆图形，如图2-72所示，再选择工具箱中的 ![]，将鼠标放置到位图上，此时鼠标变为 ![]形状，接着单击，吸取图案样本，此时鼠标变为 ![]形状。最后，在正圆图形上单击，即可将位图图案填充给正圆形，如图2-73所示。

图2-71　导入并分离位图　　　　图2-72　绘制一个正圆图形　　　图2-73　位图图案填充后的效果

如果要调整填充图案的大小，可以利用工具箱中的 单击被填充图案样本的正圆图形，此时会出现调整框，如图2-74所示。然后，按住〈Shift〉键，将左下角的控制点向中心拖动，此时填充图案会变小，如图2-75所示。

 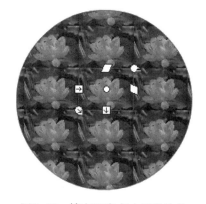

图2-74　出现调整框　　　　　　　　　图2-75　填充图案变小后的效果

2.2.4　橡皮擦工具

使用 可以快速擦除笔触或填充区域中的任何内容。用户还可以自定义橡皮擦工具以便实现只擦除笔触、只擦除单个填充区域或数个填充区域的操作。

选择 ![] 后，在工具箱的下方会出现如图2-76所示的参数选项。

橡皮擦形状选项中共有圆、方两种类型，从细到粗的10种形状，如图2-77所示。

1. 橡皮擦模式

橡皮擦模式控制并限制了橡皮擦工具进行擦除时的行为方式。橡皮擦模式选项中共有5种模式：标准擦除、擦除填色、擦除线条、擦除所选填充和内部擦除，如图2-78所示。

橡皮擦模式

水龙头

橡皮擦形状

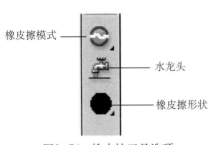
图2-76 橡皮擦工具选项

图2-77 橡皮擦形状

图2-78 橡皮擦模式

■ 标准擦除：用于擦除当前图层中所经过的所有线条和填充。图2-79为使用 （橡皮擦工具）的"标准擦除"模式对图形进行擦除前后的效果比较。

(a) 擦除前

(b) 擦除后

图2-79 使用"标准擦除"模式对图形进行擦除前后的效果比较

■ 擦除填色：只擦除填充色，而保留线条。图2-80为使用 的"擦除填色"模式对图形进行擦除后的效果。

■ 擦除线条：与擦除填色模式相反，只擦除线条，而保留填充色。图2-81为使用 的"擦除线条"模式对图形进行擦除后的效果。

■ 擦除所选填充：只擦除当前选中的填充色，保留未被选中的填充以及所有的线条。

■ 内部擦除：只擦除橡皮擦笔触开始处的填充。如果从空白点开始擦除，则不会擦除任何内容。以这种模式使用橡皮擦并不影响笔触。图2-82为使用 的"内部擦除"模式对图形进行擦除后的效果。

图2-80 使用"擦除填色"模式对图形进行擦除后的效果

图2-81 使用"擦除线条"模式对图形进行擦除后的效果

图2-82 使用"内部擦除"模式对图形进行擦除后的效果

2. 水龙头

水龙头功能主要用于删除图形中的笔触或填充区域。选择工具箱中的 （橡皮擦工具），激活 （水龙头）按钮，然后在如图2-83所示的图形中的笔触上单击，即可删除图形中的笔触，如图2-84所示。如果在如图2-85所示的图形中的填充区域单击，即可删除图形中的填充区域，如图2-86所示。

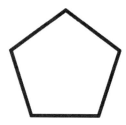

图2-83　在笔触上　　　　　　　　　　　图2-85　在填充区域
　　　　　单击　　　图2-84　删除笔触的效果　　　　　单击鼠标　　　图2-86　删除填充的效果

 提示

双击工具箱中的 ✐（橡皮擦工具），可以快速删除舞台中的所有对象。

2.2.5　选择工具

使用 ▶（选择工具）可以调整已经绘制出的曲线或直线的形状。当使用 ▶ 拖动线条上的任意点时，鼠标会根据放置的不同位置显示出不同的形状。

■ 当将 ▶ 放在曲线的端点时，鼠标会变为 ▶』形状，此时拖动鼠标，可以延长或缩短该线条，如图2-87所示。

图2-87　利用 ▶（选择工具）延长或缩短该线条

■ 当将 ▶ 放在曲线中的任意一点时，鼠标会变为 ▶┐形状，此时拖动鼠标，可以改变曲线的弧度，如图2-88所示。

图2-88　利用 ▶（选择工具）改变曲线的弧度

■ 当将 ▶ 放在曲线中的任意一点，并按住键盘上的〈Ctrl〉键进行拖动时，可以在曲线上创建新的转角点，如图2-89所示。

图2-89　利用 ▶（选择工具）在曲线上创建新的转角点

2.2.6 部分选取工具

在前面已经讲解过在已有路径上添加、删除锚点的操作方法。此外，使用 （部分选取工具）可以对已有路径上的锚点进行选取和编辑。选择工具箱中的  单击路径，即可显示出路径上的锚点，如图2-90所示。选择其中一个锚点，此时该锚点以及相邻的前后锚点就会出现切线手柄，如图2-91所示。拖动切线手柄，即可改变曲线的形状，如图2-92所示。

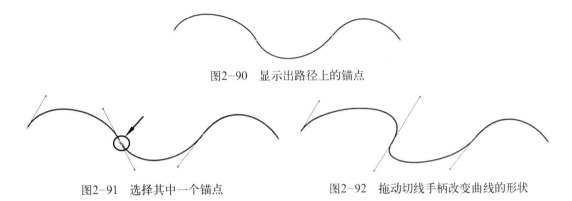

图2-90 显示出路径上的锚点

图2-91 选择其中一个锚点　　　　　图2-92 拖动切线手柄改变曲线的形状

2.2.7 套索工具

使用 （套索工具）可以根据需要选择不规则区域，从而得到所需的形状。该工具主要用于处理位图。选择工具箱中的 （套索工具），此时工具箱的下方会出现相应的3个选项按钮，如图2-93所示。这3个按钮的功能如下：

■ （魔术棒）：用于选取位图中的同一色彩的区域。

■ （魔术棒设置）：单击该按钮将弹出如图2-94所示的对话框。在该对话框中，"阈值"用于定义所选区域内相邻像素的颜色接近程度，数值越高，包含的颜色范围越广，如果数值为0，表示只选择与所单击像素的颜色完全相同的像素；"平滑"用于定义所选区域边缘的平滑程度，一共有4个选项可供选择，如图2-95所示。

图2-93 套索工具选项按钮　　图2-94 "魔术棒设置"对话框　　图2-95 "平滑"下拉列表

■ （多边形模式）：激活该按钮，可以绘制多边形区域作为选择对象。单击设定多边形选择区域起始点，然后将鼠标指针放在第一条线要结束的地方单击。同理，继续设定其他线段的结束点。如果要闭合选择区域，双击即可。

2.2.8 渐变变形工具

使用 （渐变变形工具）可以改变选中图形的填充渐变效果。

当图形填充色为线性渐变色时，选择工具箱中的 Fl 单击图形，会出现1个方形控制点、1个旋转控制点、1个中心控制点和2条平行线，如图2-96所示。此时，向图形中间拖动方形控制点，渐变区域会缩小，效果如图2-97所示。

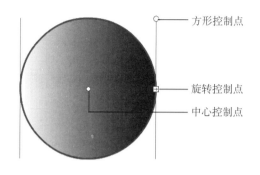

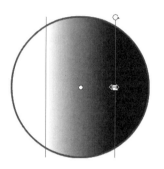

图2-96　默认线性渐变区域　　　　　　　　图2-97　缩小渐变区域

将鼠标放置在旋转控制点上，鼠标会变为 形状，此时拖动旋转控制点可以改变渐变区域的角度，效果如图2-98所示；将鼠标放置在中心控制点上，鼠标会变为 形状，此时拖动中心控制点可以改变渐变区域的位置，效果如图2-99所示。

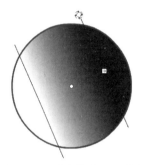

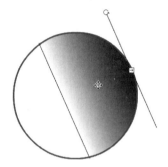

图2-98　改变渐变区域的角度　　　　　　　　图2-99　改变渐变区域的位置

当图形填充色为放射状渐变色时，选择工具箱中的 Fl 单击图形，会出现1个方形控制点、1个旋转控制点、1个整体拉伸控制点和1个中心控制点，如图2-100所示。此时，向图形中间拖动方形控制点，可以水平缩小渐变区域，效果如图2-101所示。

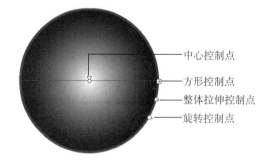

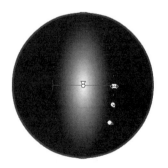

图2-100　改变渐变区域的角度　　　　　　　图2-101　水平缩小渐变区域

将鼠标放置在整体拉伸控制点上，鼠标会变为◎形状，此时拖动整体拉伸控制点可以改变整体渐变区域的大小，效果如图2-102所示；将鼠标放置在旋转控制点上，鼠标会变为↻形状，此时拖动旋转控制点可以改变渐变区域的角度，效果如图2-103所示；将鼠标放置在中心控制点上，鼠标会变为✛形状，此时拖动中心控制点可以改变渐变区域的位置，效果如图2-104所示。

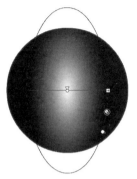 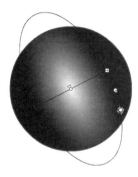 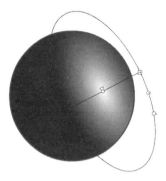

图2-102　改变整体渐变区域的大小　　图2-103　改变渐变区域的角度　　图2-104　改变渐变区域的位置

2.2.9　任意变形工具

使用▦（任意变形工具）可以对图形对象进行旋转、缩放、扭曲、封套变形等操作。利用工具箱中的▦选择要变形的图形，此时图形四周会被一个带有8个控制点的方框所包围，如图2-105所示。并且工具箱的下方也会出现相应的5个选项按钮，如图2-106所示。这5个按钮的功能如下：

- ▣（贴紧至对象）：激活该按钮，拖动图形时可以进行自动吸附。
- ↻（旋转与倾斜）：激活该按钮，然后将鼠标指针移动到外框顶点的控制柄上，鼠标指针变为⟳形状，此时拖动鼠标即可对图形进行旋转，如图2-107所示；将鼠标指针移动到中间的控制柄上，鼠标指针变为⇔形状，此时拖动鼠标可以将对象进行倾斜，如图2-108所示。

图2-105　选择要变形的图形　　图2-106　选项按钮　　图2-107　旋转效果　　图2-108　倾斜效果

- ▣（缩放）：激活该按钮，然后将鼠标指针移动到图形外框的控制柄上，鼠标变为双向箭头形状，此时拖动鼠标可以改变图形的尺寸大小。
- ◿（扭曲）：激活该按钮，然后将鼠标指针移动到外框的控制柄上，鼠标指针变为▷形状，此时拖动鼠标可以对图形进行扭曲变形，如图2-109所示。
- ▣（封套）：激活该按钮，此时图形的四周会出现很多控制柄，如图2-110所示。拖动这些控制柄，可以使图形进行更细微的变形，如图2-111所示。

图2-109　扭曲变形效果

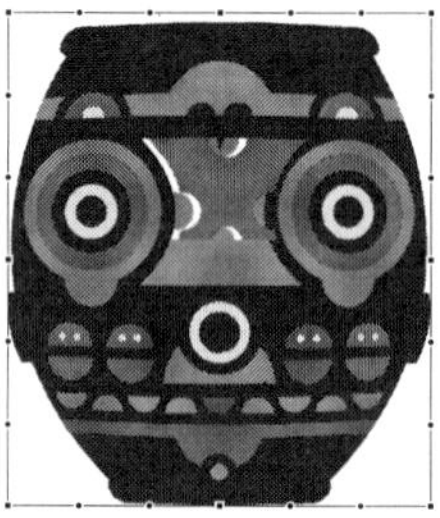

图2-110　图形四周出现很多控制柄

图2-111　封套变形效果

2.2.10　"颜色"面板

"颜色"面板提供了更改笔触和填充颜色，以及创建多色渐变的选项。利用"颜色"面板不仅可以创建和编辑纯色，还可以创建和编辑渐变色。

执行菜单栏中的"窗口|颜色"命令，打开"颜色"面板，如图2-112所示。在"颜色"面板的"类型"下拉列表中包括"无""纯色""线性渐变""径向渐变"和"位图填充" 5个选项，如图2-113所示。这5个选项既可以对填充颜色进行处理，也可以对笔触颜色进行处理。下面以填充颜色为例，具体介绍它们的使用方法。

1. 无

在"颜色"面板的"类型"下拉列表中选择"无"，如图2-114所示，表示当前选择图形的填充色为无色。

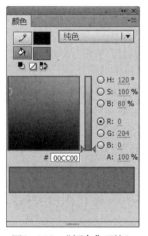
图2-112　"颜色"面板

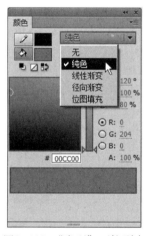
图2-113　"类型"下拉列表

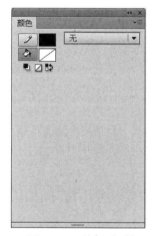
图2-114　选择"无"

2. 纯色

在"颜色"面板的"类型"下拉列表中选择"纯色"（见图2-112）。

- ■：用于设置笔触的颜色。
- ■：用于设置填充的颜色。
- ■：单击该按钮，可以恢复到默认的黑色笔触和白色填充。
- ■：单击该按钮，可以将笔触或填充设置为无色。
- ■：单击该按钮，可以交换笔触和填充的颜色。

■ "H" "S" "B" 和 "R" "G" "B" 选项：用于使用HSB和RGB两种颜色模式来设定颜色。

■ "A"：用于设置颜色的不透明度，取值范围为0～100。

3. 线性渐变

在"颜色"面板的"类型"下拉列表中选择"线性渐变"，如图2-115所示。将鼠标放置在滑动色带上，鼠标会变为 形状，此时在色带上单击可以添加颜色控制点，如图2-116所示，并可以设置新添加控制点的颜色及不透明度。如果要删除控制点，只需将控制点向色带下方拖动即可。

4. 径向渐变

在"颜色"面板的"类型"下拉列表中选择"径向渐变"，如图2-117所示。使用与设置线性渐变相同的方法在色带上设置径向渐变色，设置完成后，在面板下方会显示出相应的渐变色，如图2-118所示。

图2-115　选择"线性 　　图2-116　添加颜色控 　　图2-117　选择"径向 　　图2-118　设置后的
　　　　 渐变"　　　　　　　　 制点　　　　　　　　　 渐变"　　　　　　　 渐变色

5. 位图填充

在"颜色"面板的"类型"下拉列表中选择"位图填充"，然后在弹出的"导入到库"对话框中选择要作为位图填充的图案（见图2-119），单击"打开"按钮，即可将其导入到"颜色"面板中，如图2-120所示。使用工具箱中的 （多角星形工具）绘制一个六边形，此时绘制的六边形会被刚才导入的位图所填充，效果如图2-121所示。

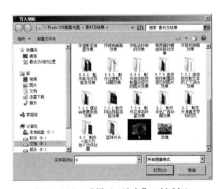

图2-119　"导入到库"对话框　　　图2-120　"颜色"面板　　　图2-121　"位图填充"效果

2.2.11 "样本"面板

在"样本"面板中可以选择系统提供的纯色或渐变色。执行菜单栏中的"窗口|样本"命令，打开"样本"面板，如图2-122所示。

"样本"面板默认提供了216种纯色和7种渐变色，单击"样本"面板右上角的■按钮，会弹出下拉菜单，如图2-123所示。

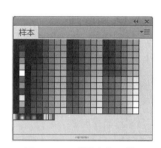

图2-122 "样本"面板　　　　图2-123 "样本"面板下拉菜单

- 直接复制样本：用于根据选中的颜色复制出一个新的颜色。
- 删除样本：用于删除选中的颜色。
- 添加颜色：用于将系统中保存的颜色添加到"样本"面板中。
- 替换颜色：用于将选中的颜色替换成系统中保留的颜色。
- 加载默认颜色：用于将"样式"面板中的颜色恢复到系统默认的颜色状态。
- 保存颜色：用于将编辑好的颜色保存到系统中，以便再次调用。
- 保存为默认值：用编辑好的颜色替换系统默认的颜色文件。
- 清除颜色：用于清除当前面板中的所有颜色，只保留黑色与白色。
- Web 216色：用于调出系统自带的符合Internet标准的色彩。
- 按颜色排序：用于将色标按色相进行排列。
- 帮助：选择该命令，将弹出帮助文件。
- 关闭：用于关闭"样本"面板。
- 关闭组：用于关闭"样本"面板所在的面板组。

2.3 文本的编辑

Flash CS6提供了3种文本类型。第1种文本类型是静态文本，主要用于制作文档中的标题、标签或其他文本内容；第2种文本类型是动态文本，主要用于显示根据用户指定条件而变化的文本，例如可以使用动态文本字段来添加存储在其他文本字段中的值（比如两个数字的和）；第3种文本类型是输入文本，通过它可以实现用户与Flash应用程序间的交互，例如，在表单中输入用户的姓名或者其他信息。

选择工具箱中的 T (文本工具)，然后在如图2-124所示的"属性"面板中设置文本的字体、字体大小、颜色、字母间距等属性。

图2-124 文字工具的"属性"面板

1. 创建不断加宽的文本块

用户可以定义文本块的大小，也可以使用加宽的文字块以适合所书写的文本。创建不断加宽的文本块的方法如下：

（1）选择工具箱中的 T，然后在文本的"属性"面板中进行如图2-125所示的参数设置。

（2）确保未在工作区中选定任何时间帧或对象的情况下，在工作区的空白区域单击，然后输入文字"Adobe Flash CS6"，此时在可加宽的静态文本右上角会出现一个圆形控制块，如图2-126所示。

图2-125 设置文本属性   图2-126 直接输入文本

2. 创建宽度固定的文本块

除了能创建一行在输入时不断加宽的文本以外，用户还可以创建宽度固定的文本块。向宽度固定的文本块中输入的文本在块的边缘会自动换到下一行。创建宽度固定的文本块的方法如下：

（1）选择工具箱中的 T（文本工具），然后在文本的"属性"面板中设置参数，如图2-125所示。

（2）在工作区中拖动鼠标来确定固定宽度的文本块区域，然后输入文字"Adobe Flash CS6"，此时在宽度固定的静态文本块右上角会出现一个方形控制块，如图2-127所示。

Adobe Flash CS6

图2-127 在固定宽度的文本块区域输入文本

提示

可以通过拖动文本块的方形控制块来更改它的宽度。另外，可通过双击方形控制块来将它转换为圆形扩展控制块。

---

3. 创建输入文本字段

使用输入文本字段可以使用户有机会与 Flash 应用程序进行交互。例如，使用输入文本字段，可以方便地创建表单。下面将添加一个可供用户在其中输入名字的文本字段，创建方法如下：

（1）选择工具箱中的 T，然后在文本的"属性"面板中进行如图2-128所示的参数设置。

提示

激活 回（在文本周围显示边框）按钮，可用可见边框标明文本字段的边界。

（2）在工作区中单击，即可创建输入文本，如图2-129所示。

图2-128 设置文本属性

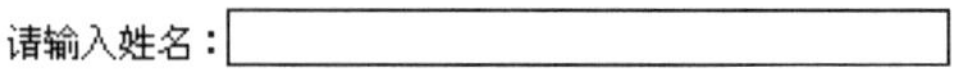

请输入姓名：

图2-129 创建输入文本

4. 创建动态文本字段

在运行时，动态文本可以显示外部来源中的文本。下面将创建一个链接到外部文本文件的动态文本字段。假设要使用的外部文本文件的名称是 chinadv.com.cn.txt，具体创建方法如下：

（1）选择工具箱中的 T.（文本工具），然后在文本的"属性"面板中进行如图2-130所示的参数设置。

（2）在工作区两条水平隔线之间的区域中拖动鼠标，即可创建文本字段，如图2-131所示。

（3）在"属性"面板的"实例名称"文本框中，将该动态文本字段命名为chinadv，然后设置"链接"为"http://www.chinadv.com.cn"，"目标"为"_blank"，如图2-132所示。

| 图2-130　设置文本属性 | 图2-131　创建文本字段 | 图2-132　输入实例名称和链接 |

提示

在动态文本"属性"面板的"链接"中直接输入网址，可以使当前文字成为超链接文字，并可以在"目标"中设置超链接的打开方式。Flash 有"_blank""_parent""_self""_top"4种打开方式可供选择。选择"_blank"，可以使链接页面在新开的浏览器中打开；选择"_parent"，可以使链接页面在父框架中打开；选择"_self"，可以使链接页面在当前框架中打开；选择"_top"，可以使链接页面在默认的顶部框架中打开。

5. 创建分离文本

创建分离文本的方法如下：

（1）选择工具箱中的 ▶（选择工具），然后单击工作区中的文本块。

（2）执行菜单栏中的"修改｜分离"（快捷键〈Ctrl+B〉）命令，此时选定文本中的每个字符会被放置在一个单独的文本块中，而文本依然在舞台的同一位置上，如图2-133所示。

（3）再次执行菜单栏中的"修改｜分离"（快捷键〈Ctrl+B〉)命令，即可将舞台中的单个字符分离为图形，如图2-134所示。

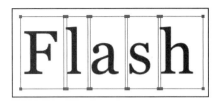

图2-133　将整个单词分离为单个字母

图2-134　将单个字符分离为图形

 提示

　　"分离"命令只适用于轮廓字体，如TrueType字体。当分离位图字体时，它们会从屏幕上消失。

2.4　对象的编辑

　　在创建对象后，通常要对其进行扭曲、旋转、倾斜、合并、组合、分离等操作，下面就具体介绍常用的对象编辑方法。

2.4.1　扭曲对象

　　前面介绍了利用▨（任意变形工具）对对象进行扭曲的方法，下面介绍利用菜单中的"扭曲"命令扭曲对象的方法。选择要进行扭曲的对象，然后执行菜单栏中的"修改|变形|扭曲"命令，此时在当前选择的图形上会出现控制点，如图2-135所示。接着将鼠标放置在控制点上，鼠标会变为▷形状，此时拖动4角的控制点可以改变图形的形状，效果如图2-136所示。

图2-135　选择的图形上会出现控制点

图2-136　拖动4角的控制点改变图形的形状

2.4.2　封套对象

　　前面介绍了利用▨（任意变形工具）对对象进行封套的方法，下面介绍利用菜单中的"封套"命令封套对象的方法。选择要进行封套的对象，然后执行菜单栏中的"修改|变形|封套"命令，此时在当前选择的图形上会出现控制点，如图2-137所示。接着将鼠标放置在控制点上，鼠标会变为▷形状，此时拖动控制点可以使图形产生相应的弯曲变化，效果如图2-138所示。

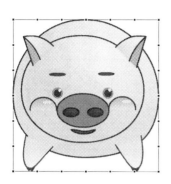

图2-137　选择的图形上会出现控制点

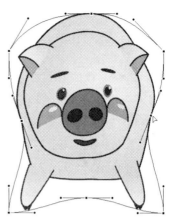

图2-138　拖动控制点使图形产生相应的弯曲变化

2.4.3　缩放对象

前面介绍了利用 ▨ （任意变形工具）对对象进行缩放的方法，下面介绍利用菜单中的"缩放"命令缩放对象的方法。 选择要进行缩放的对象，然后执行菜单栏中的"修改|变形|缩放"命令，此时在当前选择的图形上会出现控制点，如图2-139所示。接着将鼠标放置右上方的控制点上，鼠标会变为 ↗ 形状，此时拖动控制点可以成比例地改变图形的大小，效果如图2-140所示。

图2-139　选择的图形上会出现控制点

图2-140　成比例地改变图形的大小

2.4.4　旋转与倾斜对象

前面介绍了利用 ▨ （任意变形工具）对对象进行旋转与倾斜的方法，下面介绍利用菜单中的"旋转与倾斜"命令旋转与倾斜对象的方法。选择要进行旋转与倾斜的对象，然后执行菜单栏中的"修改|变形|旋转与倾斜"命令，此时在当前选择的图形上会出现控制点，如图2-141所示。如果将鼠标放置在中间的控制点上，鼠标会变为 ⇔ 形状，此时拖动控制点可以倾斜图形，

效果如图2-142所示；如果将鼠标放置在右上角的控制点上，鼠标会变为↻形状，此时拖动控制点可以旋转图形，效果如图2-143所示。

图2-141　选择的图形上会出现　　　　图2-142　倾斜图形　　　　　　图2-143　旋转图形
　　　　　　控制点

2.4.5　翻转对象

选择要进行翻转的对象，如图2-144所示，执行菜单栏中的"修改|变形|水平翻转"命令，可以将图形进行水平翻转，如图2-145所示；执行菜单栏中的"修改|变形|垂直翻转"命令，可以将对象进行垂直翻转，如图2-146所示。

图2-144　选择翻转对象　　　　　图2-145　水平翻转　　　　　图2-146　垂直翻转

2.4.6　合并对象

通过合并对象可以改变现有对象的形状。执行菜单栏中的"修改|合并对象"命令，在打开的子菜单中提供了"联合""交集""打孔"和"裁切"4种合并对象的方式。

1. 联合

使用"联合"方式可以合并两个或多个图形，产生一个"绘制对象"模式的图形对象，并删除不可见的重叠部分。选择要进行"联合"合并的图形对象，如图2-147所示。然后执行菜单栏中的"修改|合并对象|联合"命令，即可将两个图形对象联合在一起，效果如图2-148所示。

> **提示**
>
> 在使用工具箱中的▢（矩形工具）、◯（椭圆工具）和◯（多角星形工具）绘制图形时，工具箱的下方都会出现一个◯（对象绘制）按钮，激活该按钮后绘制的图形将作为一个图形对象，多个图形对象之间是相互独立的，不会出现重叠在一起相互影响的情况。反之，如果在绘制图形时，不激活◯（对象绘制）按钮，则绘制的图形形状中多个形状重叠在一起会相互影响。

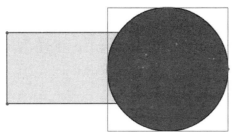

图2-147 选择图形对象

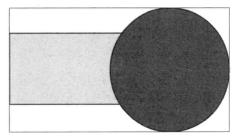

图2-148 "联合"后的效果

2. 交集

使用"交集"方式，可以创建两个或多个绘制对象进行交集后的图形对象，进行交集产生的"对象绘制"模式的图形对象由合并的形状重叠部分组成，并删除形状上任何不重叠的部分。选择要进行"交集"合并的图形对象（见图2-147），然后执行菜单栏中的"修改|合并对象|交集"命令，即可将两个图形对象交集在一起，效果如图2-149所示。

图2-149 "交集"后的效果

3. 打孔

使用"打孔"方式，可以删除两个具有重叠部分的绘制对象中位于最上面的图形对象，从而产生一个新的图形对象。选择要进行"打孔"合并的图形对象，如图2-150所示。然后执行菜单栏中的"修改|合并对象|打孔"命令，即可创建出两个图形对象的打孔效果，如图2-151所示。

4. 裁切

使用"裁切"方式，可以保留两个具有重叠部分的绘制对象中的重叠部分，并删除最上面和下面图形对象中的其他部分。选择要进行"裁切"合并的图形对象（见图2-150），然后执行菜单栏中的"修改|合并对象|裁切"命令，即可创建出两个图形对象的裁切效果，如图2-152所示。

图2-150 选择图形对象

图2-151 "打孔"后的效果

图2-152 "裁切"后的效果

2.4.7 组合和分离对象

在Flash动画制作中，经常会利用"组合"命令将图形对象进行组合，从而便于后面对其进行整体编辑。而利用"分离"命令，则可以将组、实例和位图分离为单独的可编辑元素，并且还能够极大地减小导入图形的文件大小。下面就具体介绍组合和分离对象的方法。

1. 组合对象

在舞台中选择多个图形对象，如图2-153所示。然后执行菜单栏中的"修改|组合"（快捷键〈Ctrl+G〉）命令，即可将选中的图形对象进行组合，如图2-154所示。

2. 分离对象

选择图形组合（见图2-154），然后执行菜单栏中的"修改|分离"命令，可以将组合的图形打散为轮廓。图2-155为执行多次"分离"命令后的效果。

图2-153　选择图形对象　　　图2-154　"组合"后的效果　　　图2-155　多次"分离"后的效果

2.4.8　排列和对齐对象

在Flash中，默认是根据对象的创建顺序来排列对象的，即最新创建的对象位于最上方。如果要调整对象的排列顺序，可以通过"排列"命令实现。对于创建的多个对象，利用"对齐"命令或"对齐"面板，可以根据需要对它们进行多种方式的对齐操作。下面就具体介绍利用相关命令排列和对齐对象的方法。

1. 排列对象

通过对对象排列顺序进行调整，可以改变对象的显示状态，使其看起来更加合理。执行菜单栏中的"修改|排列"命令，在打开的子菜单中提供了多种排列对象的方式，如图2-156所示。例如，要将一个对象置于最上方，可以选择该对象（见图2-157），然后执行菜单栏中的"修改|排列|移至顶层"命令，即可将该对象置于所有对象的上面，如图2-158所示。

移至顶层(F)	Ctrl+Shift+上箭头
上移一层(R)	Ctrl+上箭头
下移一层(E)	Ctrl+下箭头
移至底层(B)	Ctrl+Shift+下箭头

图2-156　"排列"菜单的子菜单　　　图2-157　选择对象　　　图2-158　"移至顶层"的效果

2. 对齐对象

在Flash中对于创建的多个对象，通常要进行对齐操作。执行菜单栏中的"修改|对齐"命令，在打开的子菜单中提供了多种对齐方式，如图2-159所示。此外，利用如图2-160所示的"对齐"面板也可以对齐对象，具体操作详见2.6.1节"对齐"面板。

左对齐(L)	Ctrl+Alt+1
水平居中(C)	Ctrl+Alt+2
右对齐(R)	Ctrl+Alt+3
顶对齐(T)	Ctrl+Alt+4
垂直居中(V)	Ctrl+Alt+5
底对齐(B)	Ctrl+Alt+6
按宽度均匀分布(D)	Ctrl+Alt+7
按高度均匀分布(H)	Ctrl+Alt+9
设为相同宽度(M)	Ctrl+Alt+Shift+7
设为相同高度(S)	Ctrl+Alt+Shift+9
✔ 与舞台对齐(G)	Ctrl+Alt+8

图2-159 "对齐"菜单的子菜单

图2-160 "对齐"面板

例如，要将多个对象的底部对齐，可以选择需要对齐的对象（见图2-161），然后执行菜单栏中的"修改|对齐|底对齐"命令，即可将所选的多个对象进行底部对齐，如图2-162所示。

图2-161 选择需要对齐的对象

图2-162 "底对齐"后的效果

2.5 对象的修饰

在制作动画的过程中，可以利用Flash CS6自带的一些命令，对曲线进行优化，将线条转换为填充，对填充色进行修改或对填充边缘进行柔化处理。

2.5.1 优化曲线

利用"优化"命令可以将线条优化得较为平滑。选择要优化的曲线（见图2-163），然后执行菜单栏中的"修改|形状|优化"命令，在弹出的"优化曲线"对话框中进行如图2-164所示的相关参数的设置后，单击"确定"按钮，此时会弹出提示对话框（见图2-165），单击"确定"按钮，即可将曲线进行优化，效果如图2-166所示。

图2-163 选择要优化的线条

图2-164 "优化曲线"对话框

图2-165　提示对话框

图2-166　"优化曲线"后的效果

2.5.2　将线条转换为填充

利用"将线条转换为填充"命令可以将矢量线条转换为填充色块。选择要转换为填充色块的线条，如图2-167所示。然后，执行菜单栏中的"修改|形状|将线条转换为填充"命令，即可将线条转换为填充色块，此时选择工具箱中的 （颜料桶工具）可以将填充色块设置为其他颜色，如图2-168所示。

图2-167　选择要转换为填充色块的线条

图2-168　将填充色块设置为其他颜色

2.5.3　扩展填充

利用"扩展填充"命令可以将填充色向外扩展或向内收缩，扩展或收缩的数值可以自定义。

1. 扩展填充色

选择图形的填充色（见图2-169），然后执行菜单栏中的"修改|形状|扩展填充"命令，此时会弹出"扩展填充"对话框。在"距离"数值框中输入5（取值范围为0.05~144），单击选中"扩展"（见图2-170），然后单击"确定"按钮，此时填充色会向外扩展，如图2-171所示。

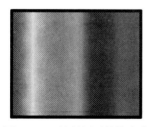

图2-169　选择图形的填充色

图2-170　设置"扩展填充"参数

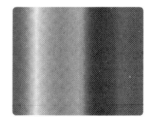

图2-171　"扩展"后的效果

2. 收缩填充色

选择图形的填充色（见图2-169），然后执行菜单栏中的"修改|形状|扩展填充"命令，此时会弹出"扩展填充"对话框。在"距离"数值框中输入5（取值范围为0.05~144），选中"插入"

单选按钮（见图2-172），然后单击"确定"按钮，此时填充色会向内收缩，如图2-173所示。

图2-172 设置"扩展填充"参数

图2-173 "插入"后的效果

2.5.4 柔化填充边缘

利用"柔化填充边缘"命令可以使填充区域产生边缘的柔化效果。

1. 向外柔化填充边缘

选择要柔化填充边缘的图形（见图2-174），然后执行菜单栏中的"修改|形状|柔化填充边缘"命令，此时会弹出"柔化填充边缘"对话框。在"距离"数值框中输入30，在"步长数"数值框中输入10，选中"扩展"单选按钮（见图2-175），然后单击"确定"按钮，效果如图2-176所示。

图2-174 选择图形

图2-175 设置"柔化填充边缘"参数

图2-176 "扩展"后的效果

 提示

"步长数"数值越大，柔化填充后的效果会越平滑。

2. 向内柔化填充边缘

选择要柔化填充边缘的图形，然后执行菜单栏中的"修改|形状|柔化填充边缘"命令，此时会弹出"柔化填充边缘"对话框。在"距离"文本框中输入30，在"步长数"文本框中输入10，选中"插入"单选按钮（见图2-177），然后单击"确定"按钮，效果如图2-178所示。

图2-177 设置"柔化填充边缘"参数

图2-178 "插入"后的效果

2.6 "对齐"面板与"变形"面板

在Flash CS6中利用"对齐"面板可以设置多个对象之间的对齐方式，此外还可以利用"变形"面板来改变对象的大小以及倾斜度。

2.6.1 "对齐"面板

使用"对齐"面板可以将多个图形按照一定的规律进行排列，能够快速地调整图形之间的相对位置、平分间距和对齐方向。Flash CS6的"对齐"面板如图2-179所示，该面板包括"对齐""分布""匹配大小""间隔"4个选项组和一个"与舞台对齐"复选框。

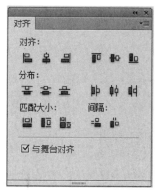

图2-179 "对齐"面板

1. "对齐"选项组

"对齐"选项组包括6个工具按钮，它们的作用如下：

■ （左对齐）：用于设置选取对象左端对齐。

■ （水平中齐）：用于设置选取对象沿垂直线中部对齐。

■ （右对齐）：用于设置选取对象右端对齐。

■ （顶对齐）：用于设置选取对象上端对齐。

■ （垂直中齐）：用于设置选取对象沿水平线中部对齐。

■ （底对齐）：用于设置选取对象底端对齐。

2. "分布"选项组

"分布"选项组包括6个工具按钮，它们的作用如下：

■ （顶部分布）：用于设置选取对象在横向上上端间距相等。

■ （垂直居中分布）：用于设置选取对象在横向上中心间距相等。

■ （底部分布）：用于设置选取对象在横向上下端间距相等。

■ （左侧分布）：用于设置选取对象在纵向上左端间距相等。

■ （水平居中分布）：用于设置选取对象在纵向上中心间距相等。

■ （右侧分布）：用于设置选取对象在纵向上右端间距相等。

3. "匹配大小"选项组

"匹配大小"选项组包括3个工具按钮，它们的作用如下：

■ （匹配宽度）：用于设置选取对象在水平方向上等尺寸变形（以所选对象中宽度最大的为基准）。

■ （匹配高度）：用于设置选取对象在垂直方向上等尺寸变形（以所选对象中高度最大的为基准）。

■ （匹配宽和高）：用于设置选取对象在水平方向和垂直方向同时进行等尺寸变形（同时以所选对象宽度和高度最大的为基准）。

4. "间隔"选项组

"间隔"选项组包括2个工具按钮，它们的作用如下：

■ （垂直平均间距）：用于设置选取对象在纵向上间距相等。

■ （水平平均间距）：用于设置选取对象在横向上间距相等。

5. "与舞台对齐"选项

勾选该项后，上述所有设置的操作都是以整个舞台的宽度或高度为基准进行对齐；如果未勾选该项，则所有操作是以所选对象的边界为基准进行对齐。

2.6.2 "变形"面板

使用"变形"面板可以将图形、组、文本以及元件进行变形处理。Flash CS6的"变形"面板如图2-180所示。该面板的主要参数的作用如下：

- ↔ （宽度）：用于设置所选图形的宽度。
- ↕ （高度）：用于设置所选图形的高度。
- 旋转：用于设置所选图形的旋转角度。
- 倾斜：用于设置所选图形的水平倾斜或垂直倾斜。
- 3D旋转：用于设置所选图形在三维空间坐标中的旋转角度。
- 3D中心点：用于设置所选图形在三维空间坐标中的坐标。
- 📋 （重制选区和变形）：用于复制图形并将变形设置应用给图形。
- 📋 （取消变形）：用于将所选图形的属性恢复到初始状态。

图2-180 "变形"面板

2.7 实 例 讲 解

本节将通过4个实例来对Flash CS6的绘制与编辑方面的相关知识进行具体应用，旨在帮助读者快速掌握Flash CS6的绘制与编辑。

2.7.1 制作线框文字效果

要点

本例将制作红点线框勾边的中空文字，效果如图2-181所示。通过学习本例，读者应掌握如何改变文档大小，以及 T. （文字工具）和 🖋 （墨水瓶工具）的使用方法。

图2-181 线框文字

操作步骤

（1）启动Flash CS6软件，新建一个Flash文件（ActionScript 2.0）。

（2）改变文档大小和背景颜色。方法：执行菜单栏中的"修改|文档"（快捷键〈Ctrl+J〉）命令，在弹出的"文档设置"对话框中设置"尺寸"为350像素×75像素，"背景颜色"为蓝色（#000066），然后单击"确定"按钮，如图2-182所示。

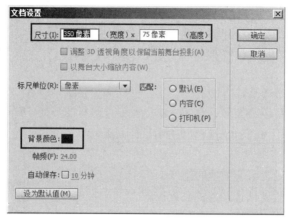

图2-182 设置文档属性

（3）选择工具箱中的 [T.]（文本工具），在"属性"面板中进行如图2-183所示的参数设置，然后在工作区中单击，输入文字"Adobe"，接着打开"对齐"面板，选中"与舞台对齐"复选框，再单击 ▟（水平中齐）和 ▟（垂直中齐）按钮（见图2-184），将文字中心对齐，效果如图2-185所示。

图2-183 设置文字属性

图2-184 设置"对齐"面板

图2-185 输入文字Adobe并中心对齐后的效果

（4）执行菜单栏中的"修改|分离"（快捷键〈Ctrl+B〉）命令两次，将文字分离为图形。

 提示

　　第1次执行"分离"命令，将整体文字分离为单个字母，如图2-186所示；第2次执行"分离"命令，将单个字母分离为图形，如图2-187所示。

图2-186　将整体文字分离为单个字母 　　　　图2-187　将单个字母分离为图形

（5）对文字进行描边处理。方法：单击工具箱中的 （墨水瓶工具），将颜色设为绿色（#00CC00），然后对文字进行描边。最后按〈Delete〉键删除填充区域，效果如图2-188所示。

图2-188　对文字描边后删除填充区域的效果

提示

　　字母A的内边界也需要单击，否则内部边界将不会被加上边框。

（6）对描边线段进行处理。方法：选择工具箱中的 ▶（选择工具），框选所有的文字，然后在"属性"面板中单击 ✎（编辑笔触样式）按钮，如图2-189所示。接着在弹出的"笔触样式"对话框中设置参数（见图2-190），最后单击"确定"按钮，效果如图2-191所示。

 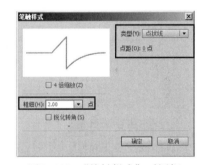

图2-189　单击 ✎（编辑笔触样式）按钮　　　　图2-190　"笔触样式"对话框

图2-191　对描边线段进行处理后的效果

提示

　　通过该对话框可以得到多种不同线形的边框。

2.7.2　制作铬金属文字效果

要点

　　本例将制作具有不同笔触渐变色和填充渐变色的铬金属文字，效果如图2-192所示。通过学习本例，读者应掌握对文字笔触和填充施加不同渐变色的方法。

图2-192 铬金属文字

操作步骤

（1）启动Flash CS6软件，新建一个Flash文件（ActionScript 2.0）。

（2）改变文档大小。方法：执行菜单栏中的"修改|文档"（快捷键〈Ctrl+J〉）命令，在弹出的"文档设置"对话框中设置"尺寸"为550像素×150像素，"背景颜色"为蓝色（#000066），然后单击"确定"按钮，如图2-193所示。

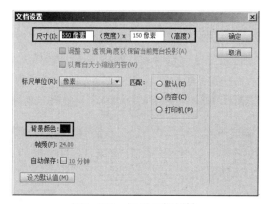

图2-193 设置文档属性

（3）选择工具箱中的 T（文本工具），在"属性"面板中进行如图2-194所示的参数设置，然后在工作区中单击，输入文字"FLASH"。

（4）打开"对齐"面板，将文字中心对齐，效果如图2-195所示。

图2-194 设置文本属性

图2-195 输入文字并对齐

（5）执行菜单栏中的"修改|分离"（快捷键〈Ctrl+B〉）命令两次，将文字分离为图形。

（6）对文字进行描边处理。方法：单击工具箱中的 （墨水瓶工具），将笔触颜色设置为

■（黑白渐变），然后依次单击文字边框，使文字周围出现黑白渐变边框，如图2-196所示。

图2-196 文字周围出现黑白渐变边框

（7）此时选中的为文字填充部分，为便于对文字填充和线条区域分别进行操作，下面将填充区域转换为元件。方法：执行菜单栏中的"修改|转换为元件"（快捷键〈F8〉）命令，在弹出的"转换为元件"对话框中输入元件名称fill（见图2-197），然后单击"确定"按钮，进入fill元件的影片剪辑编辑模式，如图2-198所示。

图2-197 输入元件名称

图2-198 转换为元件

（8）对文字边线进行处理。方法：按〈Delete〉键删除fill元件，然后利用 ▶（选择工具），框选所有的文字边线，并在"属性"面板中将笔触高度改为7.00（见图2-199），效果如图2-200所示。

图2-199 将笔触高度改为7.00

图2-200 将笔触高度改为7.00的效果

> **提示**
>
> 由于将文字填充区域转换为了元件，因此虽然暂时删除了它，但以后还可以从库中随时调出fill元件。

（9）此时黑-白渐变是针对每一个字母的，这是不正确的。为了解决这个问题，下面选择工具箱中的 ▣（墨水瓶工具），在文字边线上单击，从而对所有的字母边线进行一次统一的黑-白渐变填充，如图2-201所示。

（10）此时渐变方向为从左到右，而我们需要的是从上到下，为了解决这个问题，需要使用工具箱中的 ■（渐变变形工具）处理渐变方向，效果如图2-202所示。

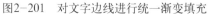

图2-201　对文字边线进行统一渐变填充

图2-202　调整文字边线的渐变方向

（11）对文字填充部分进行处理。方法：执行菜单栏中的"窗口|库"（快捷键〈Ctrl+L〉）命令，打开"库"面板，如图2-203所示。然后双击fill元件，进入影片剪辑编辑状态。接着选择工具箱中的 ◢（颜料桶工具），设置填充色为 ▥（铬金属渐变），对文字进行填充，如图2-204所示。

（12）利用工具箱中的 ◢（颜料桶工具），对文字进行统一的渐变颜色填充，如图2-205所示。

图2-203　"库"面板

图2-204　对文字进行填充

图2-205　对文字进行统一的渐变颜色填充

（13）利用工具箱中的 ■（渐变变形工具）处理文字渐变，如图2-206所示。

（14）单击 ■场景1 按钮（快捷键〈Ctrl+E〉），返回"场景1"。

（15）将库中的fill元件拖到工作区中。然后选择工具箱中的 ▶（选择工具），将调入的fill元件拖动到文字边线的中间，效果如图2-207所示。

图2-206　调整文字渐变方向

图2-207　将fill元件拖动到文字边线中间

（16）执行菜单栏中的"控制|测试影片|测试"（快捷键〈Ctrl+Enter〉）命令，即可看到效果。

2.7.3　绘制人脸图形

要点

本例将绘制一个人脸图形，如图2-208所示。通过学习本例，应掌握在 ◯（椭圆工具）、▢（矩形工具)、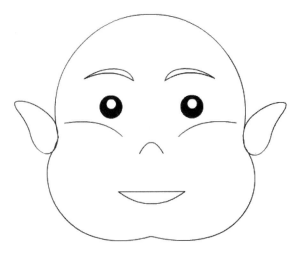(选择工具)、(部分选取工具)、(钢笔工具)和(线条工具)绘制图形的方法。

图2-208　制作人脸图形

操作步骤

(1) 启动Flash CS6软件，新建一个Flash文件（ActionScript 2.0）。

(2) 执行菜单栏中的"修改|文档"（快捷键〈Ctrl+J〉）命令，在弹出的"文档属性"对话框中设置相关参数，单击"确定"按钮，如图2-209所示。

(3) 选择工具箱中的 (椭圆工具)，设置笔触颜色为黑色，填充颜色为 (无色)，然后配合键盘上的〈Shift〉键绘制一个正圆形，并在属性面板中设置圆形的宽和高为235，如图2-210所示，结果如图2-211所示。

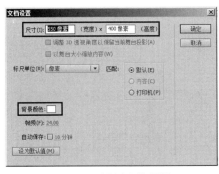

图2-209　设置文档属性

图2-210　设置圆形参数

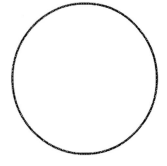

图2-211　绘制的正圆形

(4) 利用工具箱中的 (选择工具)选择刚创建的正圆形，然后配合键盘上的〈Alt〉键向下复制正圆形，如图2-212所示。

(5) 利用工具箱中的 (选择工具)选择两圆相交上半部的弧线，按键盘上的〈Delete〉键进行删除，结果如图2-213所示。

(6) 为了以后便于定位眼睛和鼻子的大体位置，下面执行菜单栏中的"视图|标尺"命令，调出标尺。然后，从水平和垂直标尺处各拖出一条辅助线，放置位置如图2-214所示。

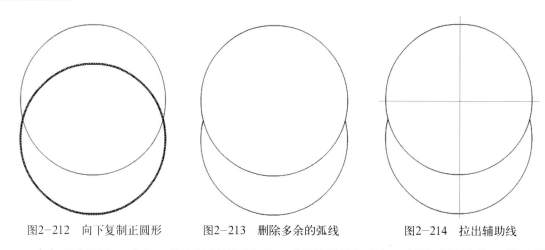

图2-212　向下复制正圆形　　　　图2-213　删除多余的弧线　　　　图2-214　拉出辅助线

（7）绘制耳朵。方法：单击时间轴下方的 <kbd>🔲</kbd>（新建图层）按钮，新建"图层2"，然后利用工具箱中的 <kbd>◯</kbd>（椭圆工具），绘制一个35像素×65像素的椭圆，如图2-215所示。接着利用工具箱中的 <kbd>▦</kbd>（任意变形工具）移动和旋转小椭圆，如图2-216所示。最后，利用工具箱中的 <kbd>▶</kbd>（选择工具）拖动椭圆左上方的曲线，结果如图2-217所示。

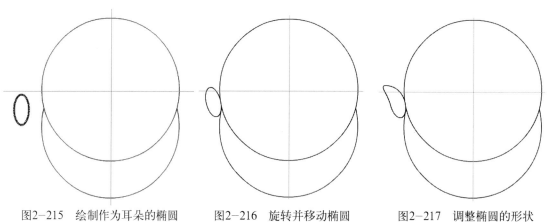

图2-215　绘制作为耳朵的椭圆　　　图2-216　旋转并移动椭圆　　　图2-217　调整椭圆的形状

（8）利用 <kbd>▶</kbd>（选择工具）选择耳朵图形，然后配合键盘上的〈Alt〉键，将其复制到右侧，如图2-218所示。接着执行菜单栏中的"修改|变形|水平翻转"命令，将复制后的耳朵图形进行水平方向的翻转，再移动到适当位置，结果如图2-219所示。

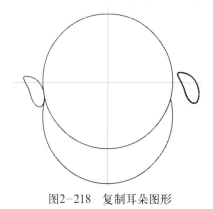
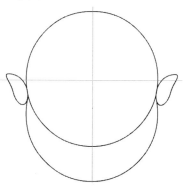

图2-218　复制耳朵图形　　　　　　　图2-219　水平翻转耳朵图形

（9）绘制眉毛。方法：利用工具箱中的 ▭ （矩形工具）在眉毛的大体位置绘制一个矩形，如图2-220所示。然后，利用 ▶ （选择工具）调整矩形的形状，如图2-221所示。接着配合键盘上的〈Alt〉键，将其复制到右侧，再执行菜单栏中的"修改|变形|水平翻转"命令，将复制后的眉毛图形进行水平方向的翻转，结果如图2-222所示。

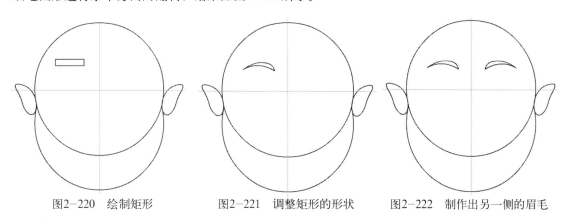

图2-220　绘制矩形　　　　图2-221　调整矩形的形状　　　　图2-222　制作出另一侧的眉毛

（10）绘制眼睛。方法：选择工具箱中的 ◯ （椭圆工具），设置笔触颜色为 ⬚ （无色），填充颜色为黑色，然后配合键盘上的〈Shift〉键绘制一个正圆形作为眼睛图形，如图2-223所示。接着，将填充颜色改为白色，激活工具箱下方的 ◯ （对象绘制）按钮，绘制一个白色小圆作为眼睛的高光，如图2-224所示。最后，利用 ▶ （选择工具）选择眼睛及眼睛高光图形，配合键盘上的〈Alt〉键复制出另一侧的眼睛，如图2-225所示。

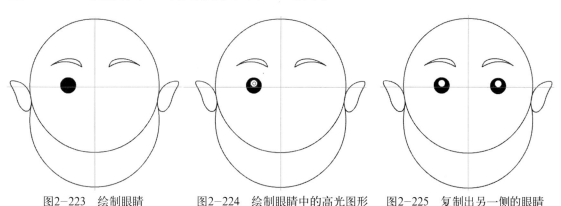

图2-223　绘制眼睛　　　　图2-224　绘制眼睛中的高光图形　　　　图2-225　复制出另一侧的眼睛

（11）绘制眼部下面的线。方法：取消激活 ◯ （对象绘制）按钮。然后，利用工具箱中的 ◥ （线条工具）绘制一条线段，如图2-226所示。接着，利用 ▶ （选择工具）调整线段的形状，如图2-227所示。然后，配合键盘上的〈Alt〉键将其复制到另一侧，并进行水平翻转，结果如图2-228所示。

（12）绘制鼻子。方法：利用工具箱中的 ◥ （线条工具）绘制一条线段，如图2-229所示。然后，利用 ▶ （选择工具）调整线段的形状，如图2-230所示。

（13）在后面的操作中辅助线的意义已经不大，下面执行菜单栏中的"视图|辅助线|显示辅助线"命令，隐藏辅助线。

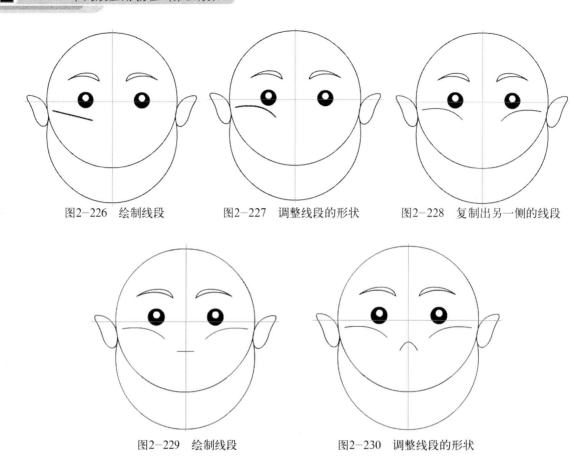

图2-226　绘制线段　　　　图2-227　调整线段的形状　　　　图2-228　复制出另一侧的线段

图2-229　绘制线段　　　　　　　图2-230　调整线段的形状

（14）绘制嘴巴。方法：单击时间轴面板的"图层1"名称，回到"图层1"，然后选择 ＼（线条工具），激活工具箱下方的 ⬀（贴紧至对象）按钮后绘制一条线段，如图2-231所示。然后，分别选择嘴部两侧的弧线，按键盘上的〈Delete〉键进行删除，结果如图2-232所示。

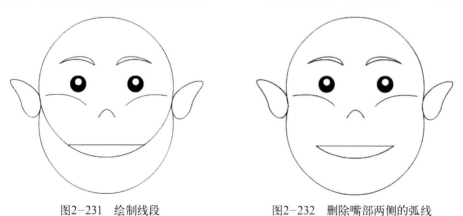

图2-231　绘制线段　　　　　　　图2-232　删除嘴部两侧的弧线

（15）调整脸部图形。方法：利用工具箱中的 ▧（部分选取工具）单击头部轮廓线，显示出锚点。然后，分别选择图2-233所示的两个对称锚点，按键盘上的〈Delete〉键进行删除，结果如图2-234所示。接着，选择最下方的锚点向上移动，如图2-235所示，再按住键盘上的〈Alt〉键分别调整锚点两侧的控制柄，结果如图2-236所示。

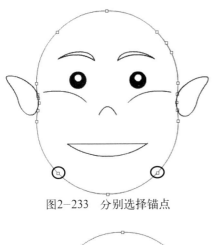

图2-233　分别选择锚点

图2-234　删除锚点效果

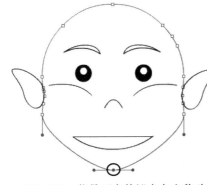

图2-235　将最下方的锚点向上移动

图2-236　调整锚点两侧的控制柄

（16）利用 ▶ （部分选取工具）分别选择图2-237所示的锚点，然后按键盘上的〈Delete〉键进行删除。接着，配合键盘上的〈Delete〉键，分别调整脸部两侧对称锚点下方控制柄的形状，结果如图2-238所示。

图2-237　分别选择锚点

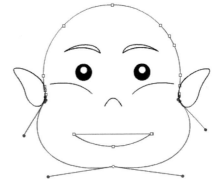

图2-238　调整控制柄的形状

（17）调整嘴部的形状。方法：分别选择嘴两侧的锚点向内移动，然后再将嘴下部的锚点向上移动并调整两侧控制柄的形状，结果如图2-239所示。

（18）至此，整个人脸图形制作完毕，最终结果如图2-240所示。

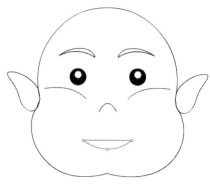

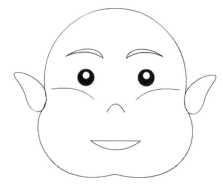

图2-239 调整嘴部的形状　　　　　　　图2-240 最终效果

2.7.4 绘制眼睛图形

要点

本例将绘制一个栩栩如生的人的眼睛，如图 2-241 所示。通过学习本例，掌握 ○（椭圆工具）、＼（线条工具）、▶（选择工具）、◢（颜料桶工具）和 ▣（渐变变形工具）的综合应用。

操作步骤

1．绘制眼睛图形

图2-241 制作眼睛

（1）启动Flash CS6软件，新建一个Flash文件（ActionScript 2.0）。

（2）绘制眉毛和上眼眶。方法：选择工具箱中的 ＼（线条工具）绘制出眉毛和上眼眶的轮廓线，然后利用 ▶（选择工具）对轮廓线进行调整，从而塑造出眉毛和上眼眶的基本造型，如图2-242所示。

（3）绘制眼球和下眼眶。方法：选择工具箱中的 ○（椭圆工具）绘制出一个笔触颜色为黑色，填充颜色为 ▢（无色）的正圆形作为人物的眼球，然后使用 ＼绘制出下眼眶，如图2-243所示。

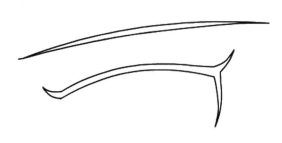

图2-242 绘制出眉毛和上眼眶　　　　　图2-243 绘制出眼球和下眼眶

（4）绘制出眼白。方法：利用 ＼绘制出眼白的轮廓线，然后利用 ▶对轮廓线进行调整，如图2-244所示。

（5）利用 选中眼球的多余部分，按键盘上的〈Delete〉键进行删除，结果如图2-245所示。

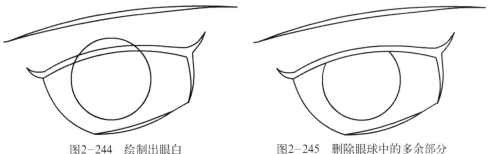

图2-244　绘制出眼白　　　　　　　图2-245　删除眼球中的多余部分

2. 对眼睛上色

（1）对眼眶和眉毛进行填充，填充颜色为黑色，如图2-246所示。

图2-246　将眼眶和眉毛填充为黑色

（2）执行菜单栏中的"窗口|颜色"命令，打开"颜色"面板，设置一种放射状的填充色，如图2-247所示。接着，选择工具箱中的 （颜料桶工具）对眼球进行填充，结果如图2-248所示。

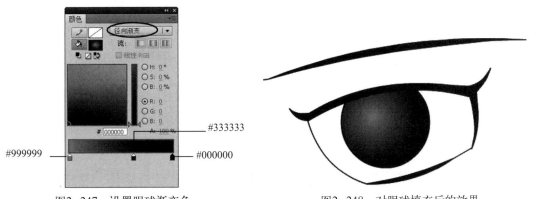

图2-247　设置眼球渐变色　　　　　　图2-248　对眼球填充后的效果

（3）对眼白进行填充。方法：在颜色面板中设置一种线性渐变色，如图2-249所示，然后利用 对眼白部分进行填充，结果如图2-250所示。

图2-249　设置眼白渐变色　　　　　　　　　图2-250　对眼白填充后的效果

（4）调整眼白渐变填充的方向。方法：利用工具箱中的▓（渐变填充工具）单击眼白部分，如图2-251所示，然后旋转渐变方向，如图2-252所示。接着，收缩渐变范围，如图2-253所示。最后向上移动渐变的位置，如图2-254所示。

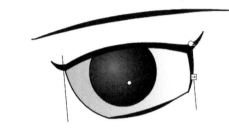

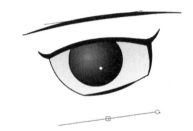

图2-251　显示眼白的填充方向　　　　　　　图2-252　旋转渐变方向

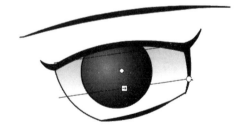

图2-253　收缩渐变范围　　　　　　　　　　图2-254　向上移动渐变的位置

（5）为了更加生动，下面删除眼白轮廓线，然后利用▓（线条工具）绘制出一些睫毛，接着利用▓（椭圆工具）绘制出眼睛的高光部分，结果如图2-255所示。

图2-255　最终效果

课　后　练　习

1．填空题

（1）使用＿＿＿＿＿＿＿＿可以绘制精确的路径；使用＿＿＿＿＿＿＿＿可以快速擦除笔触或填充区域中的任何内容。

（2）利用＿＿＿＿＿＿＿＿命令可以将矢量线条转换为填充色块。

2．选择题

（1）利用下列＿＿＿＿＿＿＿＿工具可以对对象进行旋转与倾斜？

A．⬚　　　　　B．⬚　　　　　C．⬚　　　　　D．⬚

（2）选择工具箱中的⬚（椭圆工具），然后在舞台中配合键盘上的＿＿＿＿＿＿＿＿键绘制一个正圆形。

A．〈Shift〉　　　B．〈Alt〉　　　C．〈Ctrl〉　　　D．〈Ctrl+Shift〉

（3）使用＿＿＿＿＿＿＿＿命令可以保留两个具有重叠部分的绘制对象中的重叠部分，并删除最上面和下面图形对象中的其他部分。

A．交集　　　　　B．裁切　　　　　C．打孔　　　　　D．联合

3．问答题

（1）简述基本矩形工具和基本椭圆工具的区别。

（2）简述在Flash CS6中常用对象的编辑方法。

（3）简述"对齐"面板中工具按钮的作用。

4．操作题

（1）练习1：绘制如图2-256所示的彩虹文字效果。

（2）练习2：绘制如图2-257所示的篮球图形效果。

图2-256　彩虹文字效果　　　　　　图2-257　篮球圆形效果

第3章

Flash CS6的基础动画

本章重点

在Flash CS6中制作动画时，时间轴和帧起到了关键性的作用。通过本章学习，读者应，掌握利用Flash CS6制作基础动画的方法 。

本章内容包括：

- "时间轴"面板；
- 使用帧；
- 使用图层；
- 元件与库面板；
- 元件的滤镜与混合；
- 创建基础动画。

3.1 "时间轴"面板

Flash CS6的时间轴面板（见图3-1）是实现动画效果最基本的面板。

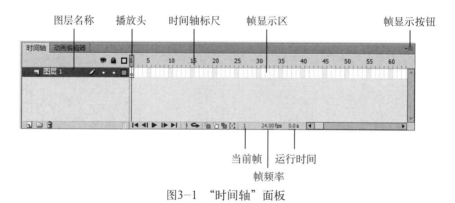

图3-1 "时间轴"面板

- 图层名称：用于显示图层的名称。

- 播放头：以粉红色矩形 表示，用于指示当前显示在舞台中的帧。使用鼠标沿着时间轴左右拖动播放头，从一个区域移动到另一个区域，可以预览动画。

- 时间轴标尺：用于显示时间。

- 帧显示区：用于显示当前文件中帧的分布。

■ 帧显示按钮：单击该按钮，从弹出的如图3-2所示的快捷菜单中，可以根据需要改变时间轴中帧的显示状态。

■ 当前帧：用于显示当前帧的帧数。

■ 帧频率：用于显示播放动画时帧的频率。

■ 运行时间：用于显示按照帧频率播放到当前帧所用的时间。

图3-2　帧显示快捷菜单

3.2　使　用　帧

动画是通过连续播放一系列静止画面，给视觉造成连续变化的效果，这一系列单幅的画面叫作帧，它是Flash动画中最小时间单位里出现的画面。

3.2.1　帧的基本类型

Flash中关键帧分为空白关键帧、关键帧、普通帧、普通空白帧4种，它们的显示状态如图3-3所示。

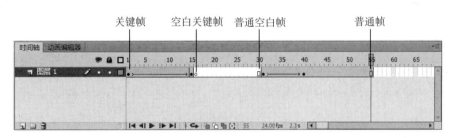

图3-3　不同帧的显示状态

■ 空白关键帧：显示为空心圆，可以在上面创建内容，一旦创建了内容，空白关键帧就变成了关键帧。

■ 关键帧：显示为实心圆点，用于定义动画的变化环节，逐帧动画的每一帧都是关键帧，而补间动画则是在动画的重要位置创建关键帧。

■ 普通帧：显示为一个个单元格，不同颜色代表不同的动画，如"动作补间动画"的普通帧显示为浅蓝色；"形状补间动画"的普通帧显示为浅绿色；而静止关键帧后面的普通帧显示为灰色。

■ 普通空白帧：显示为白色，表示该帧没有任何内容。

3.2.2　编辑帧

编辑帧是制作动画时使用频率最高、最基本的操作，主要包括插入帧、删除帧等，这些操作都可以通过帧的快捷菜单命令来实现，具体操作步骤如下：选中需要编辑的帧，右击，从弹出的如图3-4所示的快捷菜单中选择相关命令即可。

编辑关键帧除了快捷菜单外，在实际工作中用户还可以使用快捷键。下面是常用的编辑关键帧的快捷键：

- "插入帧"的快捷键〈F5〉。
- "删除帧"的快捷键〈Shift+F5〉。
- "插入关键帧"的快捷键〈F6〉。
- "插入空白关键帧"的快捷键〈F7〉。
- "清除关键帧"的快捷键〈Shift+F6〉。

图3-4　编辑帧的快捷菜单

3.2.3　多帧显示

通常在Flash工作区中只能看到一帧的画面，如果使用了多帧显示，则可同时显示或编辑多个帧的内容，从而便于对整个影片中的对象进行定位。多帧显示包括 [帧居中]（帧居中）、 [绘图纸外观]（绘图纸外观）、 [绘图纸外观轮廓]（绘图纸外观轮廓）、 [编辑多个帧]（编辑多个帧）和 [修改绘图纸标志]（修改绘图纸标志）5个按钮，如图3-5所示。

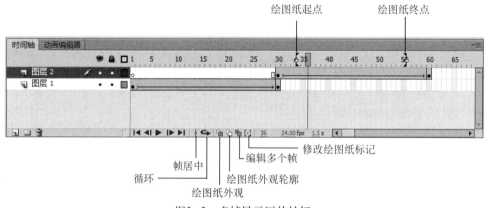

图3-5　多帧显示区的按钮

1. 帧居中

激活 [帧居中]（帧居中）按钮，可以将播放头标记的帧在帧控制区居中显示，如图3-6所示。

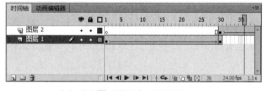
（a）单击 [帧居中]（帧居中）按钮前

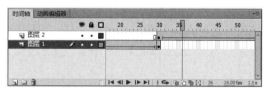
（b）单击 [帧居中]（帧居中）按钮后

图3-6　单击 [帧居中]（帧居中）按钮前后效果比较

2. 循环

激活 [循环]（循环）按钮，可以在指定范围内循环播放动画。

3. 绘图纸外观

单击 [绘图纸外观]（绘图纸外观）按钮，在播放头的左右会出现绘图纸的起始点和终止点，位于绘图纸之间的帧在工作区中由深至浅显示出来，当前帧的颜色最深，如图3-7所示。

4. 绘图纸外观轮廓

单击 🖿（绘图纸外观轮廓）按钮，可以只显示对象的轮廓线，如图3-8所示。

图3-7 🖿（绘图纸外观）效果

图3-8 🖿（绘图纸外观轮廓）效果

5. 编辑多个帧

单击 🖿（编辑多个帧）按钮，可以对选定为绘图纸区域中的关键帧进行编辑，例如改变对象的大小、颜色、位置、角度等，如图3-9所示。

6. 修改绘图纸标志

🖸（修改标记）按钮的主要功能就是修改当前绘图纸的标志。通常情况下，移动播放头的位置，绘图纸的位置也会随之发生相应的变化。单击该按钮，会弹出如图3-10所示的快捷菜单。

图3-9 🖿（编辑多个帧）效果

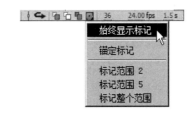

图3-10 🖸（修改标记）按钮的快捷菜单

■ 始终显示标记：选中该项后，无论是否启用绘图纸模式，绘图纸标志都会显示在时间轴上。

■ 锚定标记：选中该项后，时间轴上的绘图纸标志将锁定在当前位置，不再随着播放头的移动而发生位置上的改变。

■ 标记范围2：在当前帧左右两侧各显示2帧。

■ 标记范围5：在当前帧左右两侧各显示5帧。

■ 标记整个范围：显示当前帧两侧的所有帧。

3.2.4 设置帧

在Flash CS6中利用时间轴面板可以对帧进行一系列相关操作。

1. 插入帧

■ 执行菜单栏中的"插入时间轴帧"（快捷键〈F5〉）命令，可以在时间轴中插入一个普通帧。

■ 执行菜单栏中的"插入|时间轴|关键帧"命令，可以在时间轴中插入一个关键帧。

■ 执行菜单栏中的"插入|时间轴|空白关键帧"命令，可以在时间轴中插入一个空白关键帧。

2. 选择帧

■ 执行菜单栏中的"编辑|时间轴|选择所有帧"命令，可以选中时间轴中的所有帧。

■ 单击要选择的帧后，帧会变为灰色，然后向前或向后进行拖动，其间鼠标经过的帧会被全部选中。

■ 按住〈Ctrl〉键的同时，单击要选择的帧，可以选中多个不连续的帧。

■ 按住〈Shift〉键的同时，单击要选择的两个帧，可以选中这两个帧之间的所有帧。

3. 移动帧

选中一个或多个帧，此时鼠标变为 形状，然后按住鼠标将所选的帧拖动到合适的位置，再释放鼠标，即可完成所选帧的移动操作。

4. 删除帧

■ 选择需要删除的帧，右击，从弹出的快捷菜单中选择"清除帧"命令，即可删除选择的帧。

■ 选择需要删除的帧，按快捷键〈Shift+F5〉，也可删除选择的帧。

3.3 使 用 图 层

时间轴中的"图层区"是对图层进行各种操作的区域，在该区域中可以创建和编辑各种类型的图层。

3.3.1 创建图层

创建图层的具体操作步骤如下：

（1）单击"时间轴"面板下方的 （新建图层）按钮，可新建一个图层。

（2）在"时间轴"面板中选择相应的图层，右击，从弹出的快捷菜单中选择"添加传统运动引导层"命令，可新增一个运动引导层，关于引导层的应用详见"4.2.2 创建引导层动画"。

（3）单击"时间轴"面板下方的 （新建文件夹）按钮，可新建一个图层文件夹，其中可以包含若干个图层，如图3-11所示。

图3-11 新建图层和图层文件夹

3.3.2 删除图层

当不再需要某个图层时，可以将其删除。具体操作步骤如下：

（1）选择想要删除的图层。

（2）单击"时间轴"面板左侧图层控制区下方的 （删除图层）按钮（见图3−12），即可将选中的图层删除，如图3−13所示。

图3−12　单击 🗑（删除图层）按钮　　　　　图3−13　删除图层后的效果

3.3.3　重命名图层

根据创建图层的先后顺序，新图层的默认名称为"图层2、3、4、…"，在实际工作中为了便于识别，经常会对图层进行重命名。重命名图层的操作步骤如下：

（1）双击图层的名称，进入名称编辑状态，如图3−14所示。

（2）输入新的名称后，按〈Enter〉键确认，即可对图层进行重命名，如图3−15所示。

图3−14　进入名称编辑状态

图3−15　重命名图层

3.3.4　调整图层的顺序

图层中的内容是相互重叠的关系，上面图层中的内容会覆盖下面图层中的内容，在实际制作过程中，可以调整图层之间的位置关系。具体操作步骤如下：

（1）单击需要调整位置的图层（如选择"图层4"），将其选中，如图3−16所示。

（2）用鼠标按住图层，然后拖动到需要调整的相应位置，此时会出现一个前端带有黑色圆圈的线条，如图3−17所示。接着释放鼠标，图层的位置就调整好了，如图3−18所示。

图3−16　选择图层

图3−17　拖动图层到相应位置

图3−18　改变图层位置后的效果

3.3.5　设置图层的属性

图层的属性包括图层的名称、类型、显示模式和轮廓颜色等，这些属性的设置可以在"图层属性"对话框中完成。利用鼠标双击图层名称右边的■标记（或右击图层名称，从弹出的快捷菜单中选择"属性"命令），即可弹出"图层属性"对话框，如图3−19所示。

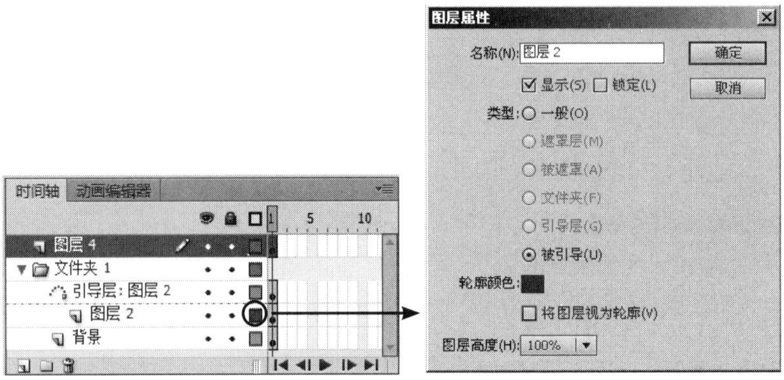

图3-19　打开"图层属性"对话框

- 名称：在该文本框中可输入图层的名称。
- 显示：选中该复选框，可使图层处于显示状态。
- 锁定：选中该复选框，可使图层处于锁定状态。
- 类型：用于选择图层的类型，包括一般、遮罩层、被遮罩、文件夹、引导层和被引导6个选项。
- 轮廓颜色：选中下方的"将图层视为轮廓"复选框，可将图层设置为轮廓显示模式，并可通过单击"颜色框"按钮，对轮廓的颜色进行设置。
- 图层高度：在其右边的下拉菜单中可设置图层的高度。

3.3.6　设置图层的状态

时间轴的"图层控制区"的最上方有3个图标：![eye]用于控制图层中对象的可视性，单击它，可隐藏所有图层中的对象，再次单击可将所有对象显示出来；![lock]用于控制图层的锁定，图层一旦被锁定，图层中的所有对象将不能被编辑，再次单击它可以取消对所有图层的锁定；![outline]用于控制图层中的对象是否只显示轮廓线，单击它，图层中对象的填充将被隐藏，以便编辑图层中的对象，再次单击可恢复到正常状态。图3-20为图层轮廓显示前后比较。

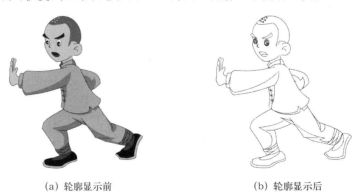

(a) 轮廓显示前　　　　　　　　　　　　(b) 轮廓显示后

图3-20　轮廓显示前后比较

3.4　元件与"库"面板

元件是一种可重复使用的对象，并且重复使用它不会增加文件的大小。元件还简化了文档的编辑，当编辑元件时，该元件的所有实例都进行相应的更新以反映编辑效果。元件的另一个好处是使用它可以创建完善的交互性。

库也就是"库"面板，它是Flash软件中用于存放各种动画元素的场所，所存放的元素可以是由外部导入的图像、声音、视频元素，也可以是使用Flash软件根据动画需要创建出的不同类型的元件。

3.4.1　元件的类型

Flash中的元件分为图形、按钮和影片剪辑3种，如图3-21所示。

图3-21　元件类型

■ 图形：图形元件可用于静态图像，并可用来创建连接到主时间轴的可重用动画片段，图形元件与主时间轴同步运行。交互式控件和声音在图形元件的动画序列中不起作用。

■ 按钮：用于创建交互式按钮。按钮有不同的状态，每种状态都可以通过图形、元件和声音来定义。一旦创建了按钮，就可以对其影片或者影片片断中的实例赋予动作。

■ 影片剪辑：使用影片剪辑元件可以创建可重用的动画片段。影片剪辑拥有独立于主时间轴的多帧时间轴。可以将影片剪辑看作是主时间轴内的嵌套时间轴，它们可以包含交互式控件、声音甚至其他影片剪辑实例；也可以将影片剪辑元件放在按钮元件的时间轴内，以创建动画按钮。

3.4.2　创建元件

在Flash中，可以将舞台中选定的对象创建为所需元件。

1. 创建"影片剪辑"元件

影片剪辑是位于影片中的小影片。用户可以在影片剪辑片段中增加动画、声音及其他的影片片断等元件。影片剪辑有自己的时间轴，其运行独立于主时间轴。与图形元件不同的是，影片剪辑只需要在主时间轴中放置单一的关键帧就可以启动播放。

创建影片剪辑元件的方法如下：

（1）执行菜单栏中的"插入|新建元件"（快捷键〈Ctrl+F8〉）命令，在弹出的"创建新元件"对话框中输入名称，然后选择"影片剪辑"选项。

（2）单击"确定"按钮，即可进入影片剪辑的编辑模式。

2. 创建"按钮"元件

按钮实际上是4帧的交互影片剪辑。当为元件选择按钮行为时，Flash会创建一个4帧的时间轴。前3帧显示按钮的3种可能状态，第4帧定义按钮的活动区域。此时的时间轴实际上并不播放，它只是对指针运动和动作做出反应，跳到相应的帧。

创建按钮元件的方法如下：

（1）执行菜单栏中的"插入|新建元件"（快捷键〈Ctrl+F8〉）命令，在弹出的"创建新元件"对话框中输入button，并选择"按钮"类型，然后单击"确定"按钮，进入按钮元件的编辑模式。

（2）在按钮元件中有4个已命名的帧：弹起、指针、按下和点击，分别代表了鼠标的4种不同的状态，如图3-22所示。

图3-22　创建按钮元件

- 弹起：在弹起帧中可以绘制图形，也可以使用图形元件、导入图形或者位图。
- 指针：主要用于设置鼠标放在按钮上时显示的内容。在这一帧里可以使用图形元件、位图和影片剪辑。
- 按下：这一帧将在按钮被单击时显示。如果不希望按钮在被单击时发生变化，只须在此处插入普通帧即可。
- 点击：这一帧定义了按钮的有效点击区域。如果在按钮上只是使用文本，这一帧尤其重要。因为如果没有点击状态，那么有效的点击区域就只是文本本身，这将导致点中按钮非常困难。因此，需要在这一帧中绘制一个形状来定义点击区域。由于这个状态永远都不会被用户实际看到，因此其形状如何并不重要。

3. 创建"图形"元件

图形元件是一种最简单的Flash元件，可以用它来处理静态图片和动画。这里需要注意的是，图形元件中的动画是受主时间轴控制的，并且动作和声音在图形元件中不能正常工作。

创建图形元件的方法如下：

（1）执行菜单栏中的"插入｜新建元件"（快捷键〈Ctrl+F8〉）命令。

（2）在弹出的"创建新元件"对话框中输入名称，然后单击"图形"选项。

（3）单击"确定"按钮，即可进入图形元件的编辑模式。

3.4.3　转换元件

如果在舞台上已经创建好矢量图形，并且以后还要再次应用，则可以将其转换为元件。将选定对象转换为元件的方法如下：

（1）在舞台中选择一个或多个对象，然后执行菜单栏中的"修改｜转换为元件"（快捷键〈F8〉）命令；或者右击选中的对象，从弹出的快捷菜单中执行"转换为元件"命令。

（2）在"转换为元件"对话框中，输入元件名称并选择"图形""按钮"或"影片剪辑"，然后在注册网格中单击，以便设置元件的注册点，如图3-23所示。

（3）单击"确定"按钮，即可将选择的对象转换为元件。

图3-23　"转换为元件"对话框

3.4.4　编辑元件

编辑元件时，Flash会更新文档中该元件的所有实例。Flash提供了如下3种方式来编辑元件：

- 右击要编辑的元件，从弹出的快捷菜单中执行"在当前位置编辑"命令，即可在该元件存在的工作区中编辑它。此时，工作区中的其他对象将以灰显方式出现，从而使它们和处于编辑状态的元件区别开。处于编辑状态的元件名称显示在工作区上方的编辑栏内，位于当前场景名称的右侧。

■ 右击要编辑的元件，从弹出的快捷菜单中选择"在新窗口中编辑"命令，即可在一个单独的窗口中编辑元件。此时，在该窗口中可以同时看到该元件和主时间轴。处于编辑状态的元件名称会显示在工作区上方的编辑栏内。

■ 双击工作区中的元件，进入它的元件编辑模式，此时处于编辑状态的元件名称会显示在舞台上方的编辑栏内，位于当前场景名称的右侧。

> **提示**
>
> 当用户编辑元件时，Flash将更新文档中该元件的所有实例，以反映编辑结果。编辑元件时，可以使用任意绘画工具，导入介质或创建其他元件的实例。

3.4.5 "库"面板

1. "库"面板概述

执行菜单栏中的"窗口|库"（快捷键〈Ctrl+L〉）命令，打开"库"面板，如图3-24所示。

■ 右键菜单：单击该按钮，可以弹出一个用于各项操作的右键菜单，如图3-25所示。

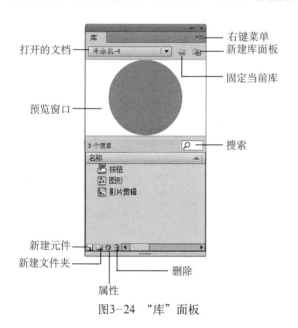

图3-24 "库"面板   图3-25 "库"面板的右键菜单

■ 打开的文档：单击该处，可以显示当前打开的所有文档，通过选择可以快速查看选择文档的库面板，从而通过一个库面板查看多个库的项目。

■ 固定当前库：单击该按钮后，原来的 图标显示为 图标，从而固定当前库面板。这样，在文件切换时都会显示固定的库内容，而不会因为切换文件更新库面板内容。

■ 新建库面板：单击该按钮，可以创建一个与当前文档相同的库面板。

■ 预览窗口：用于预览当前在库面板中所选的元素，当为影片剪辑元件或声音时，在右上角处会出现 按钮，通过它可以控制影片剪辑元件或声音的播放或停止。

■搜索：通过输入要搜索的关键字可进行元件名称的搜索，从而快速查找元件。

■新建元件：单击该按钮，会弹出如图3-26所示的"创建新元件"对话框，通过它可以新建元件。

■新建文件夹：单击该按钮，可以创建新的文件夹，默认以"未命名文件夹1""未命名文件夹2"……命名。

■属性：单击该按钮，可以在弹出的如图3-27所示的"元件属性"对话框中设置元件属性。

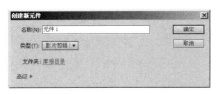

图3-26 "创建新元件"对话框　　　　　　图3-27 "元件属性"对话框

■删除：单击该按钮，可以将选择的元件删除。

2．内置公用库

Flash CS6附带的内置公用库中包括一些范例，用户可以使用它们在当前文档中添加按钮或声音。使用内置公用库资源可以优化用户的制作流程和文件资源管理。

执行菜单栏中的"窗口|公用库"命令，此时菜单中有"声音""按钮"和"类"3种公用库资源可供选择，如图3-28所示。如果选择"按钮"命令，会打开"外部库"面板，如图3-29所示。

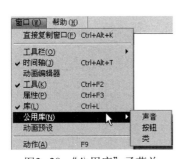

图3-28 "公用库"子菜单　　　　　　　　图3-29 "外部库"面板

"外部库"面板下方的按钮都为灰色不可用状态，即用户不能直接修改公用库中的元件，只有将公用库中的元件调入到舞台中或当前文档的库中才可以进行修改。

3．内置外部库

在Flash CS6中，可以在当前场景中调用其他Flash CS6文档的库文件。执行菜单栏中的"文件|导入|打开外部库"命令，在弹出的"作为库打开"对话框中选择要使用的文件，单击"打开"按钮，即可将选中文件的"库"面板调入当前的文档中。

3.5　元件的滤镜与混合

在Flash中为对象实例设置循环，可以轻松制作出动画效果。而为元件应用滤镜和混合，则可以为元件增加各种效果，并设置元件之间的复合形式，从而使制作出的动画多种多样、五彩缤纷。本节将具体讲解滤镜和混合的应用方法。

3.5.1　滤镜的应用

利用滤镜可以为文本、按钮和影片剪辑元件增添有趣的视觉效果，从而增强对象的立体感和逼真性。

1. 初识滤镜效果

Flash提供了投影、模糊、发光、斜角、渐变发光、渐变斜角和调整颜色7种滤镜。这些滤镜的作用如下：

■ 投影：为对象添加一个表面投影的效果。

■ 模糊：用来柔化对象的边缘和细节，使其看起来好像位于其他对象的后面，或者使其看起来好像是运动的。

■ 发光：为对象的整个边缘应用颜色。

■ 斜角：为对象应用加亮效果，使其看起来凸出于背景表面。可以创建内斜角、外斜角或者完全斜角。

■ 渐变发光：用于在表面产生带渐变颜色的发光效果中。

■ 渐变斜角：用于产生一种凸起效果，使其看起来好像从背景上凸起，且斜角表面有渐变颜色。

■ 调整颜色：用于调整所选对象的亮度、对比度、色相和饱和度。

2. 为对象添加滤镜效果

为对象添加滤镜效果的具体操作步骤如下：

（1）选中需要添加效果的文本、影片剪辑或按钮元件。

（2）在属性面板中单击"滤镜"标签（见图3-30），切换到滤镜面板。

（3）单击 🔲（添加滤镜）按钮，从弹出的如图3-31所示的下拉菜单中选择滤镜种类，即可看到对象被添加上投影后的效果。此时，滤镜面板左侧会显示出添加的投影滤镜名称，右侧会显示出投影滤镜的相关参数，如图3-32所示。

图3-30　切换到滤镜面板

图3-31　滤镜下拉菜单

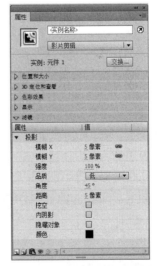
图3-32　投影滤镜的相关参数

（4）当需要将当前滤镜添加到其他文本、影片剪辑或按钮元件上时，可以选中当前已添加滤镜的元件，然后单击滤镜下方的 █（剪贴板）按钮，从弹出的下拉菜单中选择"复制所选"命令，复制滤镜效果。然后，选中要添加此滤镜效果的元件，单击滤镜面板中的 █（剪贴板）按钮，从弹出的下拉菜单中选择"粘贴"命令，粘贴滤镜效果。

（5）当不需要滤镜效果时，可以先选中应用了滤镜效果的对象，然后在滤镜面板中选择要删除的滤镜，单击上方的 █（删除滤镜）按钮，即可将所选滤镜效果进行删除。

3. 保存"自定义滤镜"

除了软件自带的7种滤镜外，Flash CS6还允许用户将自己定义好的若干种滤镜一起保存为自定义滤镜，当需要再次使用时，只要选择自定义的滤镜就能创建符合要求的滤镜效果。

保存和应用自定义滤镜的具体方法如下：

（1）保存自定义滤镜。方法：在滤镜面板中选择已使用的滤镜，单击 █（预设）按钮，然后在弹出的下拉菜单中选择"另存为"命令，接着在弹出的如图3-33所示的"将预设另存为"对话框中输入要定义的滤镜名称，单击"确定"按钮。

（2）应用自定义滤镜。方法：选中需要应用自定义滤镜的文本、影片剪辑或按钮元件，然后单击滤镜面板中的 █（预设）按钮，在弹出的如图3-34所示的下拉菜单中选择自定义的滤镜名称，即可应用自定义滤镜。

图3-33 "将预设另存为"对话框

图3-34 选择自定义的滤镜名称

4. 设置滤镜的参数

每种滤镜都自带有一些参数，修改这些参数，会产生不同的画面效果，下面以"投影"滤镜为例来说明这些参数的作用。"投影"滤镜面板如图3-32所示，其各项具体功能如下：

■ 模糊：拖动"模糊X"和"模糊Y"右侧按钮，可设置模糊的宽度和高度。

■ 强度：用于设置阴影暗度，数值越大，阴影就越暗。

■ 品质：选择投影的质量级别，将"品质"设置为"高"近似于高斯模糊。建议将"品质"设置为"低"，以实现最佳的回放性能。

■ 角度：用于设置阴影的角度。

■ 距离：用于设置阴影与对象之间的距离。拖动滑块可调整阴影与实例之间的距离。

■ 挖空：选中该项，将挖空源对象（即从视觉上隐藏源对象），并在挖空图像上只显示投影。

■ 内阴影：选中该项，将在对象边界内应用投影。

■ 隐藏对象：选中该项，将只显示其投影，从而可以更轻松地创建出逼真的阴影。

■ 颜色：单击"颜色"右侧█按钮，在弹出的"颜色"面板中可设置阴影颜色。

"模糊""发光""斜角""渐变发光"和"渐变斜角"这几种滤镜的参数与"投影"滤镜大致相同，"渐变发光"和"渐变斜角"除了上述参数外，还有"渐变定义栏"，用于调整渐变色的颜色，如图3-35所示。利用"渐变定义栏"最多可以添加15种颜色色标。

"调整颜色"滤镜的参数与以上滤镜都不相同，如图3-36所示。

(a) 渐变发光　　　　　　　　(b) 渐变斜角

图3-35　"渐变发光"和"渐变斜角"滤镜面板　　　　图3-36　"调整颜色"滤镜面板

通过拖动要调整的颜色滑块，或者在相应的文本框中输入数值即可设置具体参数。其各项具体功能介绍如下：

- 亮度：用来调整图像的亮度，取值范围为-100～100。
- 对比度：用来调整图像的加亮、阴影及中间调，取值范围为-100～100。
- 饱和度：用来调整颜色的强度，取值范围为-100～100。
- 色相：用来调整颜色的深浅，取值范围为-180～180。
- （重置滤镜）：单击面板左下方的 按钮，可以将所有的颜色调整重置为0，从而使对象恢复到原来的状态。

3.5.2　混合的应用

混合是改变两个或两个以上重叠对象的透明度，以及相互之间的颜色关系的过程，此功能只能作用于影片剪辑元件和按钮元件。使用此功能，可以创建复合图像，也可以混合重叠影片的剪辑或者按钮的颜色，从而创造出独特的效果。

对影片剪辑应用混合模式的具体操作步骤如下：

（1）在舞台中选中要应用混合模式的影片剪辑元件。

（2）在属性面板的"显示"下拉列表的"混合"右侧，可以选择影片剪辑的混合模式，如图3-37所示。

各种混合模式的功能如下：

- 一般：正常应用颜色，不与基准颜色有相互关系。
- 图层：可以层叠各个影片剪辑，而不影响其颜色。
- 变暗：只替换比混合颜色亮的区域，比混合颜色暗的区域不变。
- 正片叠底：将基准颜色复合以混合颜色，从而产生较暗的颜色。

图3-37　选择影片剪辑的混合模式

■变亮：只替换比混合颜色暗的区域，比混合颜色亮的区域不变。

■滤色：将混合颜色的反色复合以基准颜色，从而产生漂白效果。

■叠加：用于进行色彩增值或滤色中，具体情况取决于基准颜色。

■强光：用于进行色彩增值或滤色中，具体情况取决于混合模式的颜色，其效果类似于用点光源照射对象。

■增加：查看每个通道中的颜色信息，并从基色中增加混合色。

■减去：查看每个通道中的颜色信息，并从基色中减去混合色。

■差值：从基准颜色减去混合颜色，或者从混合颜色减去基准颜色，具体情况取决于哪个亮度值较大，其效果类似于彩色底片。

■反相：取基准颜色的反色。

■Alpha：应用"Alpha"遮罩层，此模式要求应用于父级影片剪辑，不能将背景剪辑更改为"Alpha"并应用它，因为该对象是不可见的。

■擦除：删除所有基准颜色像素，包括背景图像中的基准颜色像素，不能应用于背景剪辑。

图3-38（a）为导入到Flash CS6中的一幅位图，图3-38（b）为一个圆形的影片剪辑。图3-39为二者使用不同的混合模式产生的效果。

　　（a）位图　　　　　　　　　　　（b）圆形影片剪辑

图3-38　导入的位图和圆形影片剪辑

（a）"一般"和"图层"　　　（b）变暗　　　　　　（c）正片叠底

　（d）变亮　　　　（e）滤色　　　　（f）叠加　　　　（g）强光

图3-39　使用不同的混合模式产生的效果

(h) 增加　　　　　　　　(i) 减去　　　　　　　　(j) 差值

(k) 反相　　　　　　　　　　　　(l) 擦除

图3-39　使用不同的混合模式产生的效果（续）

3.6　创建基础动画

　　Flash是一个制作动画的软件，通过它可以轻松地制作出各种炫目的动画效果。Flash中的基础动画可以分为逐帧动画、传统补间动画和补间形状动画3种类型，下面就具体讲解它们的使用方法。

3.6.1　创建逐帧动画

　　1. 逐帧动画的特点

　　逐帧动画是一种常见的动画形式，其原理是在连续的关键帧中分解动画动作，需要更改每一帧中的舞台内容。它最适合于每一帧中的图像都有改变，且并非仅仅简单地在舞台上移动、淡入淡出、色彩变换或旋转的复杂动画。

　　制作逐帧动画的方法非常简单，只需要一帧一帧地绘制就可以了，关键在于动作设计及节奏的掌握。图3-40为人物走路的逐帧动画的画面分解图。

　　由于逐帧动画中每一帧的内容都不一样，因此制作过程非常烦琐，而且最终输出的文件也很大。但它也有自己的优势，它具有非常大的灵活性，几乎可以表现任何想表现的内容，很适合表演细腻的动画，如动画片中的人物走路、转身以及做各种动作。

　　2. 创建逐帧动画的方法

　　创建逐帧动画的方法有如下4种：

　　■ 导入静态图片：分别在每帧中导入静态图片，建立逐帧动画，静态图片的格式可以是jpg、png等。

■ 绘制矢量图：在每个关键帧中，直接用Flash的绘图工具绘制出每一帧中的图形。

■ 导入序列图像：直接导入格式为jpg、gif的序列图像。序列图像包含多个帧，导入到Flash中后，将会把图像中的每一帧自动分配到每一个关键帧中。

■ 导入SWF动画：直接导入已经制作完成的SWF动画，也一样可以创建逐帧动画，或者可以导入第三方软件（如Swish、Swift 3D等）产生的动画序列。

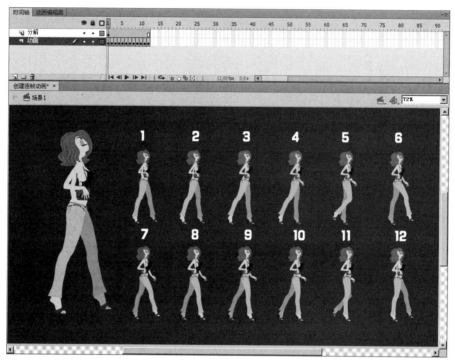

图3-40 人物走路的逐帧动画的画面分解图

3.6.2 创建补间形状动画

1. 补间形状动画的特点

补间形状动画也是Flash中非常重要的动画形式之一，利用它可以制作出各种奇妙的、不可思议的变形效果，譬如动物之间的转变、文本之间的变化等。

补间形状动画适用于图形对象，可以在两个关键帧之间制作出变形效果，即让一种形状随时间变化为另外一种形状，还可以对形状的位置、大小和颜色进行渐变。

Flash可以对放置在一个层上的多个形状进行变形，但通常一个层上只放一个形状会产生较好的效果。利用形状提示点还可以控制更为复杂和不规则形状的变化。

2. 创建补间形状动画

创建补间形状动画也有如下两种方法：

（1）通过右键菜单创建补间形状动画。选择同一图层的两个关键帧之间的任意一帧，右击，从弹出的快捷菜单中选择"创建补间形状"命令（见图3-41），这样就在两个关键帧之间创建了补间形状动画。所创建的补间形状动画会以浅绿色背景进行显示，并且在关键帧之间有一个箭头，如图3-42所示。

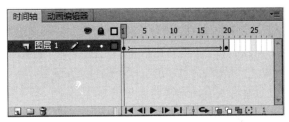

图3-41　选择"创建补间形状"命令　　　图3-42　创建补间形状后的"时间轴"

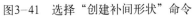

提示

　　如果创建的补间形状动画以一条绿色背景的虚线段表示，则说明补间形状动画没有创建成功，原因是两个关键帧中的对象可能不满足创建补间形状动画的条件。

　　如果要删除创建的补间形状动画，只要选择已经创建的补间形状动画的两个关键帧之间的任意一帧，右击，从弹出的快捷菜单中选择"删除补间"命令即可。

　　（2）使用菜单命令创建补间形状动画。首先选择同一图层两个关键帧之间的任意一帧，执行菜单栏中的"插入|补间形状"命令，即可在两个关键帧之间创建补间形状动画。如果要取消已经创建好的补间形状动画，可以选择已经创建的补间形状动画的两个关键帧之间的任意一帧，然后执行菜单栏中的"插入|删除补间"命令即可。

　　3. 补间形状动画属性设置

　　补间形状动画的属性同样可以通过"属性"面板的"补间"选项进行设置。首先选择已经创建的补间形状动画的两个关键帧之间的任意一帧，然后打开"属性"面板，如图3-43所示。在其"补间"选项中设置动的运动速度、混合等属性。

　　■ 缓动：默认情况下，过渡帧之间的变化速率是不变的，在此可以通过"缓动"选项逐渐调整变化速率，从而创建出更为自然的由慢到快的加速或由快到慢的减速效果，默认值为0，取值范围为−100～+100，负值为加速动画，正值为减速动画。

　　■ 混合：有"分布式"和"角形"两个选项可供选择。其中，"分布式"选项创建的动画，中间形状更为平滑和不规则；"角形"选项创建的动画，中间形状会保留明显的角和直线。

图3-43　补间形状动画的"属性"面板

4. 使用形状提示控制形状变化

在制作补间形状动画时，如果要控制复杂的形状变化，可能会出现变化过程杂乱无章的情况，这时可以使用Flash提供的形状提示，为动画中的图形添加形状提示点，通过形状提示点可以指定图形如何变化，并且可以控制更加复杂的形状变化。关于使用形状提示控制形状变化的方法参见"3.7.2 制作旋转的三角锥效果"。

3.6.3 创建传统补间动画

1. 传统补间动画的特点

传统补间动画实际上就是给一个对象的两个关键帧分别定义不同的属性，如位置、颜色、透明度、角度等，并在两个关键帧之间建立一种变化关系，即传统补间动画关系。

构成传统补间动画的元素为"元件"或"成组对象"，而不能为形状，只有将形状组合或者转换成元件后才可以成功制作传统补间动画。

2. 创建传统补间动画的方法

传统补间动画的创建方法有如下两种：

（1）通过右键菜单创建传统补间动画。首先在"时间轴"面板中选择同一图层的两个关键帧之间的任意一帧，右击，从弹出的快捷菜单中选择"创建传统补间"命令（见图3-44），这样就在两个关键帧之间创建了传统补间动画。所创建的传统补间动画会以浅紫色背景显示，并且在关键帧之间有一个箭头，如图3-45所示。

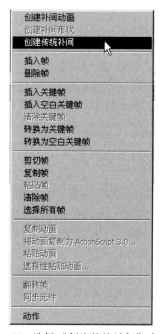

图3-44 选择"创建传统补间"命令

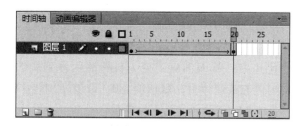

图3-45 创建传统补间后的"时间轴"

通过右键菜单，除了可以创建传统补间动画外，还可以删除已经创建好的传统补间动画。具体方法为：选择已经创建的传统补间动画的两个关键帧之间的任意一帧，右击，从弹出的快捷菜单中选择"删除补间"命令（见图3-46），即可删除补间动作。

（2）使用菜单命令创建传统补间动画。在使用菜单命令创建传统补间动画的过程中，同样需要选择同一图层两个关键帧之间的任意一帧，然后执行菜单栏中的"插入|补间动画"命令。如果要删除已经创建好的传统补间动画，同样是选择已经创建的传统补间动画的两个关键帧之间的任意一帧，然后执行菜单栏中的"插入|删除补间"命令。

3. 传统补间动画属性设置

无论利用前面介绍的哪种方法创建传统补间动画，都可以通过"属性"面板进行动画的各项属性设置，从而使其更符合动画需要。选择已经创建的传统补间动画的两个关键帧之间的任意一帧，然后打开"属性"面板（见图3-47），在其"补间"选项中设置动画的运动速度、旋转方向与旋转次数等属性。

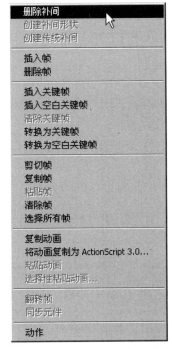

图3-46　选择"删除补间"命令　　　　图3-47　传统补间动画的"属性"面板

（1）缓动：默认情况下，过渡帧之间的变化速率是不变的，在此可以通过"缓动"选项逐渐调整变化速率，从而创建出更为自然的由慢到快的加速或由快到慢的减速效果，默认值为0，取值范围为-100～+100，负值为加速动画，正值为减速动画。

（2）缓动编辑：单击"缓动"选项右侧的 ✎ 按钮，在弹出的"自定义缓入/缓出"对话框中可以设置过渡帧更为复杂的速度变化，如图3-48所示。其中，帧由水平轴表示，变化的百分比由垂直轴表示，第1个关键帧表示为0%，最后1个关键帧表示为100%。对象的变化速率用曲线图中的速率曲线表示，曲线水平时（无斜率），变化速率为0；曲线垂直时，变化速率最大。

■ 属性：该项只有在取消勾选"为所有属性使用一种设置"复选框时才可用。单击该处会弹出"位置""旋转""缩放""颜色"和"滤镜"5个选项，如图3-49所示。

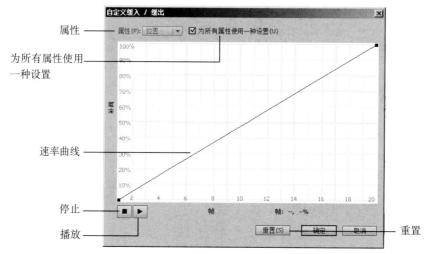

属性 ——

为所有属性使用
一种设置 ——

速率曲线 ——

停止 ——

播放 ——

重置 ——

图3-48 "自定义缓入/缓出"对话框

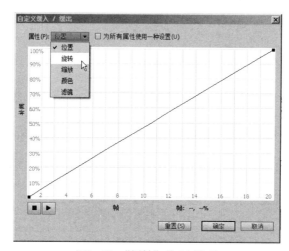

图3-49 "属性"的5个选项

■ 为所有属性使用一种设置：默认时该项处于选中状态，表示所显示的曲线适用于所有属性，并且其左侧的属性选项为灰色不可用状态。取消勾选该项，在左侧的属性选项才可以单独设置每个属性的曲线。

■ 速率曲线：用于显示对象的变化速率。在速率曲线处单击，即可添加一个控制点，通过按住鼠标拖动，可以对所选的控制点进行位置调整，并显示两侧的控制手柄。可以使用鼠标拖动控制点或其控制手柄，也可以使用小键盘上的箭头键确定位置。再次按〈Delete〉键可将所选的控制点删除。

■ 停止：单击该按钮，将停止舞台上的动画预览。

■ 播放：单击该按钮，将以当前定义好的速率曲线预览舞台上的动画。

■ 重置：单击该按钮，可以将当前的速率曲线重置成默认的线性状态。

（3）旋转：用于设置对象旋转的动画，单击右侧的 自动 ▼ 按钮，会弹出如图3-50所示的下拉列表，当选择"顺时针"或"逆时针"选项时，可以创建顺时针或逆时针旋转的动画。在下拉列表的右侧还有一个参数设置，用于设置对象旋转的次数。

■ 无：选择该项，将不设定旋转。

■ 自动：选择该项，可以在需要最少动作的方向上将对象旋转一次。

■ 顺时针：选择该项，可以将对象进行顺时针方向旋转，并可在右侧设置旋转次数。

■ 逆时针：选择该项，可以将对象进行逆时针方向旋转，并可在右侧设置旋转次数。

图3-50 旋转的下拉菜单

(4) 贴紧：勾选该项，可以将对象紧贴到引导线上。

(5) 同步：勾选该项，可以使图形元件实例的动画和主时间轴同步。

(6) 调整到路径：在制作运动引导线动画时，勾选该项，可以使动画对象沿着运动路径运动。

(7) 缩放：勾选该项，可以改变对象的大小。

3.6.4 使用动画预设

Flash CS6的"动画预设"面板中提供了预先设置好的一些补间动画，用户可以直接将它们应用于舞台对象。当然，也可以将用户自己制作好的一些比较常用的补间动画保存为自定义预设，以便于与他人共享或在以后工作中直接调用，从而节省动画制作时间，提高工作效率。

执行菜单栏中的"窗口|动画预设"命令，打开"动画预设"面板，如图3-51所示。

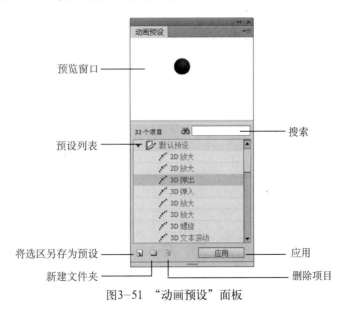

图3-51 "动画预设"面板

1. 应用动画预设

通过单击"动画预设"面板中的 应用 按钮，可以将动画预设应用于一个选定的帧或不同图层上的多个选定帧。其中，每个对象只能应用1个预设，如果第2个预设应用于相同的对象，那么第2个预设将替换第1个预设。应用动画预设的操作很简单，具体步骤如下：

（1）在舞台上选择需要添加动画预设的对象。

（2）在"动画预设"面板的"预设列表"中选择需要应用的预设，此时通过上方的"预览窗口"可以预览选定预设的动画效果。

（3）选择合适的动画预设后，单击"动画预设"面板下方的 应用 按钮，即可将所选预设应用到舞台中被选择的对象上。

> **提示**
>
> 　　应用动画预设时需要注意，在"预设列表"中的各种3D动画的动画预设只能应用于影片剪辑元件，而不能应用于图形或按钮元件，也不适用于文本字段。因此，如果要对选择对象应用各种3D动画的动画预设，需要将其转换为影片剪辑元件。

2. 将补间动画另存为自定义动画预设

除了可以将Flash对象进行动画预设的应用外，Flash CS6还允许将已经创建好的补间动画另存为新的动画预设，以便以后调用。这些新的动画预设会存放在"动画预设"面板中的"自定义预设"文件夹内。将补间动画另存为自定义动画预设的操作可以通过"动画预设"面板下方的 📄（将选区另存为预设）按钮来完成。具体操作步骤如下：

（1）选择"时间轴"面板中的补间范围，或者选择舞台中应用了补间动画的对象。

（2）单击"动画预设"面板下方的 📄 按钮，此时会弹出"将预设另存为"对话框，在其中设置另存预设的名称，如图3-52所示。

（3）单击"确定"按钮，即可将选择的补间动画另存为预设，并存放在"动画预设"面板中的"自定义预设"文件夹中，如图3-53所示。

图3-52　"将预设另存为"对话框

图3-53　"动画预设"面板

3. 创建自定义预设的预览

将所选补间动画另存为自定义动画预设后，在"动画预设"面板的"预览窗口"中是无法正常显示效果的。如果要预览自定义的效果，可以执行以下操作：

（1）创建补间动画，并将其另存为自定义预设。

（2）创建一个只包含补间动画的FLA文件。注意要使用与自定义预设完全相同的名称，并将其保存为FLA格式的文件，然后通过"发布"命令为该FLA文件创建SWF文件。

（3）将刚创建的SWF文件放置在已保存的自定义动画预设XML文件所在的目录中。如果用户使用的是Windows系统，可以放置在如下目录中：<硬盘>\Documents and Settings\<用户>\Local Settings\Application Data\Adobe\Flash CS6\<语言>\Configuration/Motion Presets。

（4）重新启动Flash CS6，此时选择"动画预设"面板的"自定义预设"文件夹中的相应自定义预设，即可在"预览窗口"中进行预览。

3.7 实 例 讲 解

本节将通过7个实例对Flash CS6基础动画方面的相关知识进行具体应用，旨在帮助读者快速掌握Flash CS6基础动画方面的相关知识。

3.7.1 制作元宝娃娃的诞生动画

要点

本例将制作元宝娃娃的诞生动画，如图3-54所示。通过学习本例，应掌握在Flash中将位图转换为矢量图和形状补间动画的制作方法。

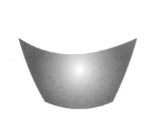

图3-54 元宝娃娃的诞生效果

操作步骤

1. 制作元宝

（1）启动Flash CS6软件，新建一个Flash文件（ActionScript 2.0）。

（2）执行菜单栏中的"修改|文档"（快捷键〈Ctrl+J〉）命令，在弹出的"文档属性"对话框中设置相关参数，单击"确定"按钮，如图3-55所示。

（3）利用工具箱中的▢（矩形工具）在舞台中绘制一个矩形，如图3-56所示。

（4）利用工具箱中的�（选择工具）将矩形下部的两个角向内移动，如图3-57所示。然后，再将矩形上下两条边向下移动，从而形成曲线，移动位置如图3-58所示。

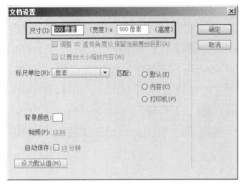

图3-55　设置文档属性

图3-56　绘制一个矩形

图3-57　将矩形下部的两个角向内移动

图3-58　将矩形上下两条边向下移动

（5）利用"对齐"面板，将元宝居中对齐，如图3-59所示。

（6）选择元宝外形，执行菜单栏中的"窗口|颜色"命令，打开"颜色"面板，然后设置颜色，如图3-60所示，结果如图3-61所示。

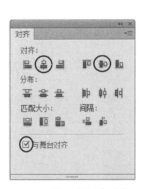

图3-59　将元宝居中对齐

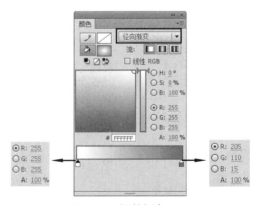

图3-60　调整颜色

2. 制作元宝娃娃

（1）新建"图层2"，然后执行菜单栏中的"文件|导入|导入到舞台"命令，导入配套光盘中的"素材及结果\3.7.1 制作元宝娃娃的诞生动画|图片.jpg"，如图3-62所示。

图3-61　填充后的效果

图3-62　导入位图

（2）将"图层2"移动到"图层1"的下方作为参照，然后使用工具箱中的 （钢笔工具）在"图层1"中，根据导入的图片，绘制出元宝娃娃的外形，填充颜色为金黄色（#F5D246），如图3-63所示。

> **提示**
> ■ 为了防止错误操作，下面可以锁定"图层2"，如图3-64所示。
> ■ 元宝和元宝娃娃不要重叠在一起，否则两个图形会合并在一起，移动时会出现错误。

图3-63　绘制出元宝娃娃

图3-64　时间轴分布

（3）选择绘制好的元宝娃娃的图形，按键盘上的快捷键〈Ctrl+X〉，剪切图形，然后删除"图层2"。接着在"图层1"的第16帧按快捷键〈F7〉，插入空白关键帧，再按快捷键〈Ctrl+Shift+V〉，原地粘贴图形。

（4）利用工具箱中的 （任意变形工具），将粘贴后的图形适当放大，然后利用"对齐"面板将图形居中对齐。

> **提示**
> 使用 （钢笔工具）绘制出的图形为矢量图形，这种图形放大后不会影响清晰度。

3. 生成变形动画

（1）右击第1～15帧之间的任意一帧，从弹出的快捷菜单中执行"创建补间形状"命令，此时时间轴分布如图3-65所示。

（2）为了使动画播放完后能停留在第15帧一段时间后再重新播放，下面在时间轴的第30帧，按快捷键〈F5〉，插入普通帧，此时时间轴分布如图3-66所示。

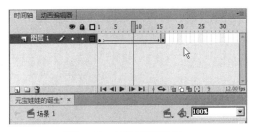

图3-65　创建形状补间　　　　　　　图3-66　在第30帧插入普通帧

（3）执行菜单栏中的"控制|测试影片|测试"(快捷键〈Ctrl+Enter〉)命令，即可看到效果。

3.7.2　制作旋转的三角锥效果

要点

本例将制作旋转的三角锥，旋转过程如图3-67所示。通过学习本例，读者应掌握利用添加形状提示点来控制物体精确旋转的方法。

图3-67　三角锥的旋转过程

操作步骤

（1）启动Flash CS6软件，新建一个Flash文件（ActionScript 2.0）。

（2）执行菜单栏中的"修改|文档"（快捷键〈Ctrl+J〉）命令，在弹出的"文档设置"对话框中将背景色设置为白色，文档大小设为550像素×400像素，然后单击"确定"按钮。

（3）为了便于绘制三角锥线条，可执行菜单栏中的"视图|网格|显示网格"和"视图|贴紧|贴紧至网格"命令，从而显示出网格并设置好网格吸附属性。然后，选择工具箱中的 （线条工具），在工作区中绘制三角锥，如图3-68所示。

（4）选择工具箱中的 （颜料桶工具），并将填充色设置成深黄色到浅黄色的直线渐变色，其中深黄色的RGB值为（220，130，30）；浅黄色的RGB值为（250，220，160），如图3-69所示。填充三角锥正面区域，结果如图3-70所示。

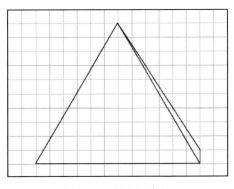

图3-68　绘制三角锥

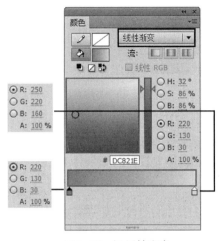

图3-69 设置填充色

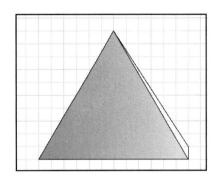

图3-70 填充三角锥正面

（5）同理，使用相同的渐变色填充三角锥的侧面。然后，选择工具箱中的▣（渐变变形工具），在工作区中单击三角锥正面，调节三角锥侧面的渐变方向，如图3-71所示。

（6）同理，调节三角锥正面的渐变方向，如图3-72所示。

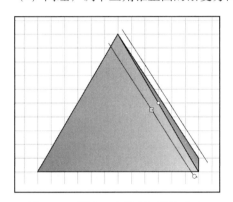

图3-71 调节三角锥侧面渐变方向

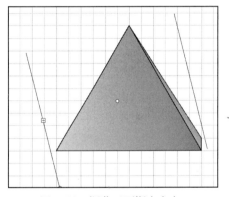

图3-72 调节正面渐变方向

（7）选择工具箱中的▶（选择工具），在工作区中双击三角锥的轮廓线，将所有轮廓线选中，然后按下键盘上的〈Delete〉键删除，效果如图3-73所示。

（8）在图层1的第20帧右击，从弹出的快捷菜单中执行"插入关键帧"（快捷键〈F6〉）命令，即可在第20帧插入一个关键帧，如图3-74所示。

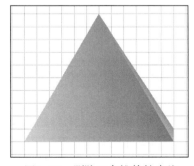

图3-73 删除三角锥的轮廓线

图3-74 在第20帧插入关键帧

（9）选择工具箱中的 ▶，单击工作区中三角锥的右侧面。然后，执行菜单栏中的"修改|变形|水平翻转"命令，将水平翻转后的右侧面挪动到三角锥的左侧位置，如图3-75所示。

（10）右击时间轴"图层1"中的任意一帧，从弹出的快捷菜单中执行"创建补间形状"命令，此时时间轴分布如图3-76所示。

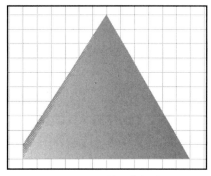

图3-75 水平翻转三角锥右侧面

图3-76 创建补间形状后的时间轴

（11）按〈Enter〉键预览动画，可以看到三角锥的变形不正确，如图3-77所示。为此，需要设置控制变形的基点。方法：选择"图层1"的第1个关键帧，然后执行菜单栏中的"修改|形状|添加形状提示"（快捷键〈Ctrl+Shift+H〉）命令，这时将在工作区中出现一个红色的圆圈，圆圈里面有一个字母a，如图3-78所示。

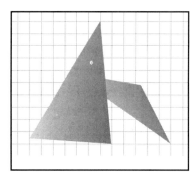

图3-77 预览效果

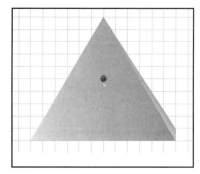

图3-78 添加形状提示点a

（12）继续按快捷键〈Ctrl+Shift+H〉，添加形状提示点b、c、d、e和f，并将它们放置到三角锥的相应顶点处，如图3-79所示。然后，在第20帧插入关键帧，利用 ▶ 将它们移到图3-80的位置。

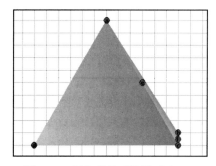

图3-79 添加其他形状提示点

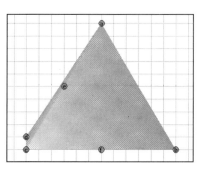

图3-80 在第20帧调整形状提示点位置

（13）按〈Enter〉键，预览动画，此时会发现三角锥转动已经正确了，但是为了使三角锥产生连续转动的效果，还需要加入一个过渡关键帧。方法：右击"图层1"的第21帧，在弹出的快捷菜单中执行"插入关键帧"（快捷键〈F6〉)命令，在第21帧处插入一个关键帧。

（14）选择工具箱中的 ，在工作区中单击三角锥的左侧面，然后按〈Delete〉键删除，如图3-81所示。

（15）选择时间轴窗口中"图层1"的第22帧，按〈F5〉键，使图层1的帧数增至22帧，如图3-82所示。

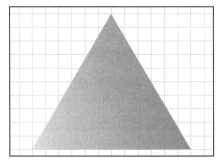

图3-81 在第21帧处删除三角锥左侧面

图3-82 帧数增加后的时间轴分布

（16）至此，旋转的三角锥制作完毕。下面执行菜单栏中的"控制|测试影片|测试"（快捷键〈Ctrl+Enter〉）命令，即可看到三角锥的旋转动画。

3.7.3 制作运动的文字效果

要点

本例将制作彩虹文字从左方旋转着运动到右方后消失，然后再从右方运动到左方重现的效果，如图3-83所示。通过学习本例，读者应掌握制作传统补间动画的方法和翻转帧的应用。

图3-83 运动的文字

操作步骤

1. 制作文字第1~30帧从左向右旋转运动并逐渐消失的效果

（1）启动Flash CS6软件，新建一个Flash文件（ActionScript 2.0）。

（2）执行菜单栏中的"修改|文档"（快捷键〈Ctrl+J〉）命令，在弹出的"文档设置"对话框中设置背景色为深蓝色（#000066），然后单击"确定"按钮。

（3）选择工具箱中的 **T**（文本工具），在"属性"面板中设置参数（见图3-84），然后在工作区中单击，输入文字"数字媒体研究室"，并将文字移动到如图3-85所示的位置。

（4）执行菜单栏中的"修改|分离"（快捷键〈Ctrl+B〉）命令两次，将文字分离为图形。

图3-84　设置文本属性

图3-85　输入文字

（5）选择工具箱中的 （颜料桶工具），单击 按钮对文字进行填充，结果如图3-86所示。

图3-86　将文字分离为图形并进行填充

（6）执行菜单栏中的"修改|转换为元件"（快捷键〈F8〉）命令，在弹出的"转换为元件"对话框中设置参数（见图3-87），然后单击"确定"按钮，效果如图3-88所示。

图3-87　设置转换为元件参数

图3-88　转换为元件的效果

（7）右击"图层1"的第30帧，从弹出的快捷菜单中执行"插入关键帧"（快捷键〈F6〉）命令，插入一个关键帧。

（8）利用 （选择工具）向右移动文本，如图3-89所示。

（9）制作文字从左向右直线运动的效果。方法：单击"图层1"，选中"图层1"中的所有帧。然后右击其中的任意一帧，从弹出的快捷菜单中执行"创建传统补间"命令，如图3-90所示。此时，按〈Enter〉键预览动画，可以看到文字从左向右运动。

图3-89　在第30帧向右移动文本

图3-90　创建传统补间动画

（10）制作文字从左向右旋转运动的效果。方法：单击"图层1"的第1帧，在"属性"面板中设置参数，如图3-91所示。此时，按〈Enter〉键预览动画，可以看到文字从左向右旋转运动的效果，如图3-92所示。

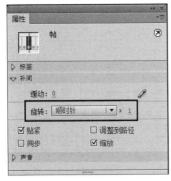

图3-91　设置第1帧的属性　　　　　图3-92　文字从左往右旋转运动的效果

（11）制作文字从左向右旋转着逐渐消失的效果。方法：单击"图层1"的第30帧，然后选择工作区中的文字，在"属性"面板中设置Alpha的数值为0%，如图3-93所示。此时按〈Enter〉键预览动画，可以看到文字从左往右旋转着逐渐消失的效果，如图3-94所示。

图3-93　设置第30帧的属性　　　　　图3-94　文字从左往右旋转着逐渐消失的效果

2. 制作文字第30～59帧从右向左直线运动并逐渐显现的效果

（1）单击"图层1"，选中该层上的所有帧（见图3-95），然后右击，从弹出的快捷菜单中选择"复制帧"命令，接着单击时间轴中的 ▫（插入图层）按钮，新建一个"图层2"，并选中该层的所有帧，如图3-96所示。最后右击，从弹出的快捷菜单中执行"粘贴帧"命令，此时时间轴分布如图3-97所示。

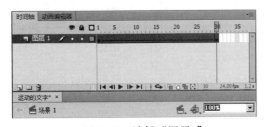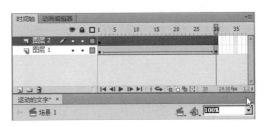

图3-95　选择"图层1"　　　　　　　图3-96　选择"图层2"的所有帧

（2）将"图层2"的第1~30帧移到第30~59帧，此时时间轴分布如图3-98所示。

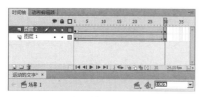 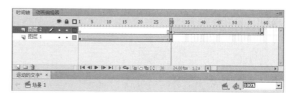

图3-97 粘贴帧后的时间轴分布　　　　　　图3-98 移动帧后的时间轴分布

（3）此时播放动画，可以看到文字在第30~59帧依然是从左向右旋转着逐渐消失。而我们需要的是在第30~59帧文字从右向左直线运动，并逐渐显现的效果。下面就制作这个效果。方法：选择"图层2"的第30~59帧，然后右击，从弹出的快捷菜单中选择"翻转帧"命令。此时，按〈Enter〉键预览动画，可以看到文字从右向左直线运动并逐渐显现的效果，如图3-99所示。

图3-99 文字从右向左直线运动并逐渐显现的效果

（4）至此，运动的文字制作完毕。下面执行菜单栏中的"控制|测试影片|测试"（快捷键〈Ctrl+Enter〉）命令，打开播放器窗口，即可看到文字从左旋转着向右运动并逐渐消失，然后又从右向左直线运动并逐渐显现的效果。

3.7.4　制作猎狗奔跑的效果

要点

本例将制作猎狗奔跑的动画，如图3-100所示。通过学习本例，读者应掌握在Flash中利用逐帧动画制作猎狗奔跑的动画的方法。

图3-100 猎狗奔跑的效果

操作步骤

1. 制作猎狗奔跑动作的一个运动循环中身体姿态的变化

（1）打开配套光盘中的"素材及结果\3.7.4制作猎狗奔跑的效果\猎狗的奔跑-素材.fla"文件。

（2）设置文档大小和背景色。方法：执行菜单栏中的"修改|文档"（快捷键〈Ctrl+J〉）命令，在弹出的"文档设置"对话框中设置"尺寸"为800像素×300像素，背景颜色设置为暗蓝色（#003366），单击"确定"按钮，如图3-101所示。

（3）执行菜单栏中的"插入|新建元件"（快捷键〈Ctrl+F8〉）命令，在弹出的对话框中设置参数（见图3-102），单击"确定"按钮，进入"奔跑"元件的编辑状态。

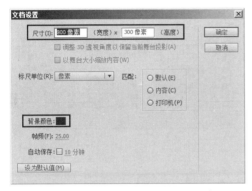

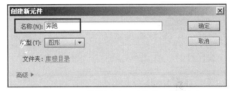

图3-101　设置文档大小和背景色　　　　　图3-102　"创建新元件"对话框

（4）猎狗奔跑的一个动作循环由"姿态1"~"姿态7"7个基本动作组成，下面先从"库"面板中将"姿态1"元件拖入舞台。然后，分别在第3帧、第5帧、第7帧、第9帧、第11帧和第13帧按快捷键〈F6〉，插入关键帧。接着利用"交换元件"命令，将第3帧的元件替换为"姿态2"，将第5帧的元件替换为"姿态3"，将第7帧的元件替换为"姿态4"，将第9帧的元件替换为"姿态5"，将第11帧的元件替换为"姿态6"，将第13帧的元件替换为"姿态7"。最后，在第14帧按快捷键〈F5〉，插入普通帧，从而将时间轴的总长度延长到14帧。

2. 制作猎狗奔跑的一个运动循环中位置的变化

（1）执行菜单栏中的"视图|标尺"（快捷键〈Ctrl+Alt+Shift+R〉）命令，调出标尺。在第1帧从标尺处拉出垂直和水平两条参考线，如图3-103所示。然后，在第3帧调整视图中"姿态2"元件的位置，如图3-104所示。

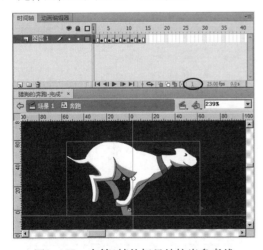

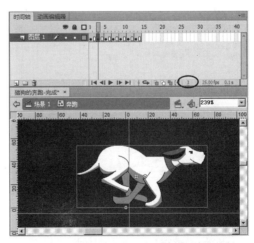

图3-103　在第1帧从标尺处拉出参考线　　　图3-104　在第3帧调整"姿态2"元件的位置

（2）在第5帧调整垂直标尺的位置，如图3-105所示。然后，在第7帧调整视图中"姿态4"

元件的位置，如图3-106所示。

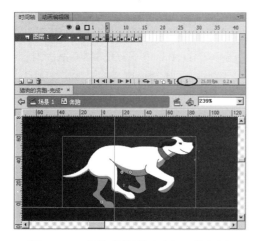 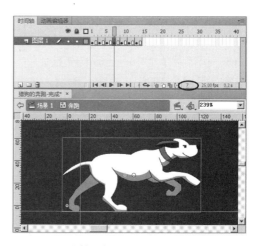

图3-105　在第5帧调整垂直标尺的位置　　　　图3-106　在第7帧调整"姿态4"元件的位置

（3）在第9帧将视图中"姿态5"元件向右移动一定距离，如图3-107所示。

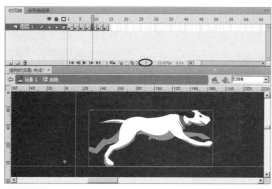

图3-107　在第9帧将视图中"姿态5"元件向右移动一定距离

（4）在第11帧将视图中的"姿态6"元件向右移动一定距离，然后调整垂直标尺的位置，如图3-108所示。在第13帧调整视图中"姿态7"元件的位置，如图3-109所示。

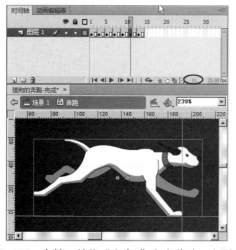 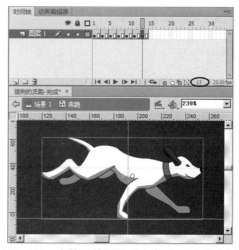

图3-108　在第11帧将"姿态6"向右移动一定距离　　　图3-109　在第13帧调整"姿态7"元件的位置

3. 制作猎狗奔跑动作的多个运动循环

（1）单击时间轴下方的 ▲场景1 按钮，回到场景1。从"库"面板中将"奔跑"元件拖入舞台，并将其放置到舞台左侧。然后，在第69帧按快捷键〈F5〉，插入普通帧，从而将时间轴的总长度延长到69帧。再在第14帧从标尺处拉出垂直和水平参考线，如图3-110所示。最后，在第15帧按快捷键〈F6〉，插入关键帧，并调整"奔跑"元件的位置，如图3-111所示。

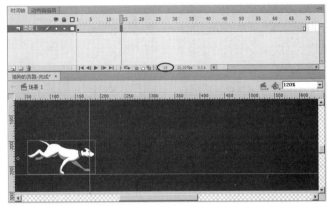

图3-110 在第14帧从标尺处拉出垂直和水平参考线

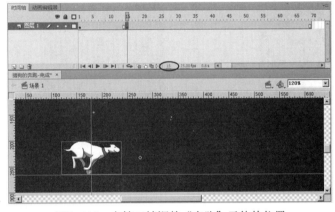

图3-111 在第15帧调整"奔跑"元件的位置

（2）同理，在第28帧移动垂直参考线的位置，如图3-112所示。然后，在第29帧移动"奔跑"元件的位置，如图3-113所示。

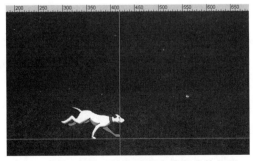

图3-112 在第28帧移动垂直参考线的位置

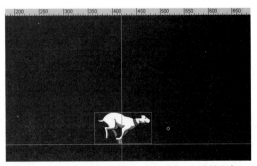

图3-113 在第29帧移动"奔跑"元件的位置

（3）同理，在第42帧移动垂直参考线的位置，如图3-114所示。然后，在第43帧移动"奔跑"元件的位置，如图3-115所示。

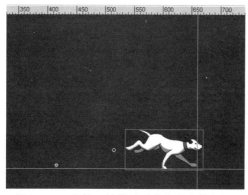 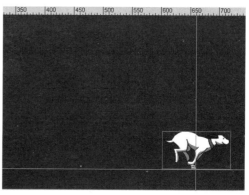

图3-114　在第42帧移动垂直参考线的位置　　　　图3-115　在第43帧移动"奔跑"元件的位置

（4）同理，在第56帧移动垂直参考线的位置，如图3-116所示。然后，在第57帧移动"奔跑"元件的位置，如图3-117所示。

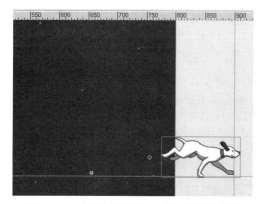 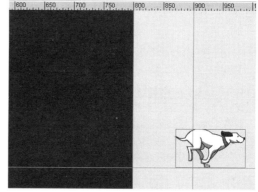

图3-116　在第56帧移动垂直参考线的位置　　　　图3-117　在第57帧移动"奔跑"元件的位置

（5）至此，整个猎狗奔跑的动画制作完毕。下面执行菜单栏中的"控制|测试影片|测试"（快捷键〈Ctrl+Enter〉）命令，打开播放器窗口，即可看到猎狗奔跑的效果。

3.7.5　镜头的应用

要点

本例将制作飞机从左上方飞入舞台，然后旋转着冲向镜头，再掉头逐渐飞远的不同效果，如图3-118所示。通过学习本例，读者应掌握影视中的镜头语言与Flash中动画补间的综合应用。

操作步骤

（1）执行菜单栏中的"文件|打开"命令，打开"文件|打开"命令，打开配套光盘中的"素材及结果\3.7.5镜头效果的运用\飞行-素材.fla"文件"。

图3-118　飞机飞行的不同镜头效果

（2）从"库"面板中将"背面""侧面""正面"和"天空"元件拖入舞台，然后同时在舞台中选择这4个元件，右击，从弹出的快捷菜单中选择"分散到图层"命令，此时4个元件会被分散到4个不同的层上，并根据元件的名称自动命名其所在图层，如图3-119所示。

（3）删除多余的"图层1"。方法：选择"图层1"，单击 🗑 按钮，即可将其删除，此时时间轴分布如图3-120所示。

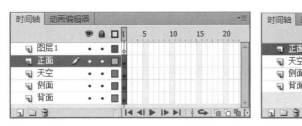
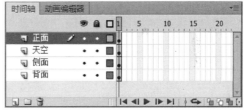

图3-119　将元件分散到不同图层　　　　　　　图3-120　删除"图层1"

（4）同时选中4个图层的第135帧，按快捷键〈F5〉，插入普通帧，从而使4个图层的总长度延长到第135帧。

（5）制作飞机加速从远方逐渐飞近的效果。方法：为了便于操作，下面隐藏"背面"和"正面"图层。然后，在"侧面"图层的第70帧，按快捷键〈F6〉，插入关键帧。再在第1帧，将舞台中的"侧面"元件移动到舞台左上角，并适当缩小，如图3-121所示。接着在第70帧，将舞台中的"侧面"元件移动到舞台右侧中间部分，并适当缩小和旋转一定角度，如图3-122所示。再单击"侧面"图层第1～70帧之间的任意一帧，在"属性"面板中将"补间"设为"动画"，"缓动"设为"-100"，最后在"侧面"层的第71帧，按快捷键〈F7〉，插入空白关键帧。此时，时间轴分布如图3-123所示。

图3-121　第1帧飞机的位置

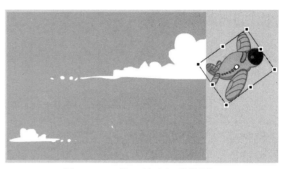

图3-122　第70帧飞机的位置

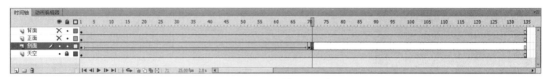

图3-123　时间轴分布

（6）制作飞机旋转着冲向镜头的效果。方法：显现"正面"图层，然后将"正面"图层的第1帧移动到第75帧，再调整"正面"元件的位置和大小，如图3-124所示。接着在第95帧按快捷键〈F6〉，插入关键帧，再调整"正面"元件的位置和大小，如图3-125所示。最后，在"正面"层的第96帧，按快捷键〈F7〉，插入空白关键帧。此时，时间轴分布如图3-126所示。

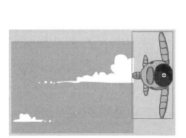

图3-124　第75帧飞机的位置

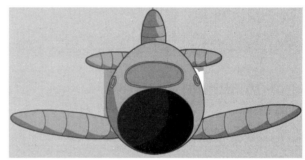

图3-125　第95帧飞机的位置

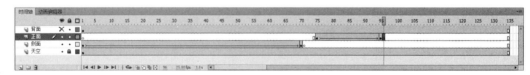

图3-126　时间轴分布

（7）制作飞机掉头逐渐飞远的效果。方法：显现"背面"图层，然后将"背面"图层的第1帧移动到第96帧，再调整"背面"元件的位置和大小，如图3-127所示。接着，在第135帧按快捷键〈F6〉，插入关键帧，再调整"背面"元件的位置和大小，如图3-128所示。此时，时间轴分布如图3-129所示。

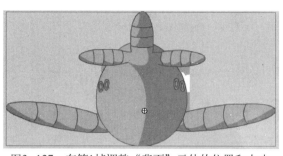

图3-127　在第1帧调整"背面"元件的位置和大小　　　图3-128　调整"背面"元件的位置和大小

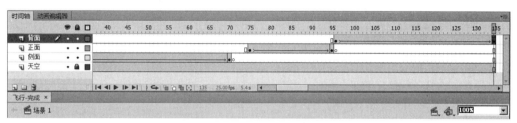

图3-129　时间轴分布

（8）执行菜单栏中"控制|测试影片|测试"（快捷键〈Ctrl+Enter〉）命令，就可以看到飞机从左上方飞入舞台，然后旋转着冲向镜头，再掉头逐渐飞远的效果。

3.7.6　制作颤动着行驶的汽车效果

要点

本例将制作一个夸张的冒着黑烟颤动着行驶的汽车效果，如图3-130所示。学习本例，读者应掌握动作补间中旋转动画和位移动画的制作方法。

图3-130　颤动着行驶的汽车效果

操作步骤

（1）打开配套光盘中的"素材及结果\3.7.6制作颤动着行驶的汽车动画\汽车-素材.fla"文件。

（2）制作颤动的车体效果。方法：双击库中的"车体"元件，进入编辑状态，如图3-131所示。然后，选择"图层1"的第3帧，执行菜单栏中的"插入|时间轴|关键帧"（快捷键〈F6〉）命令，插入关键帧。接着，利用工具箱中的████（任意变形工具），适当旋转舞台中的元件，如图3-132所示。最后在第4帧，按快捷键〈F5〉，插入普通帧，从而使时间轴的总长度延长到4帧。

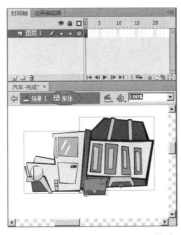

图3-131　进入"车体"编辑状态

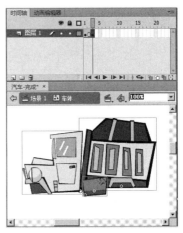

图3-132　在第3帧旋转元件

（3）制作转动的车轮效果。方法：执行菜单栏中的"插入|新建元件"（快捷键〈Ctrl+F8〉）
命令，在弹出的对话框中进行如图3-133所示的设置，
单击"确定"按钮。然后，从库中将"轮胎"元件拖
入舞台，并利用对齐面板将其中心对齐，如图3-134
所示。并在"轮胎-转动"元件的第4帧，按快捷键
〈F6〉，插入关键帧。最后，右击第1帧和第4帧的任
意一帧，从弹出的快捷菜单中执行"创建传统补间"
命令，在"属性"面板中设置参数，如图3-135所示。此时，按〈Enter〉键，即可看到车轮原地
转动的效果。

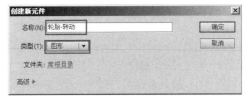

图3-133　新建"轮胎-转动"元件

图3-134　设置对齐参数

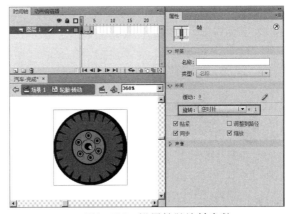

图3-135　设置轮胎旋转参数

（4）制作排气管的变形颤动的动画。方法：双击库中的"排气管"元件，进入编辑状
态，如图3-136所示。然后选择"图层1"的第3帧，执行菜单栏中的"插入|时间轴|关键帧"
（快捷键〈F6〉）命令，插入关键帧。利用工具箱中的 ▩ （任意变形工具），单击 ▨ （封
套）按钮，在舞台中调整排气管的形状，如图3-137所示。最后在第4帧，按快捷键〈F5〉，
插入普通帧，从而使时间轴的总长度延长到4帧。此时，按〈Enter〉键，即可看到排气管变
形颤动的效果。

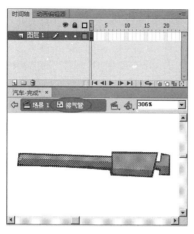

图3-136 进入"排气管"元件编辑状态

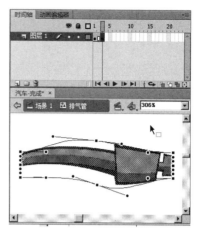

图3-137 在第3帧调整"排气管"元件的形状

（5）制作排气管排放尾气的动画。方法：新建"烟"图形元件，然后利用工具箱中的 ○ （椭圆工具），设置笔触颜色为 ☑ （无色），填充颜色为黑色，再在舞台中绘制圆形，并中心对齐，如图3-138所示。接着在第2帧，按快捷键〈F6〉，插入关键帧，并将圆形适当放大，如图3-139所示。

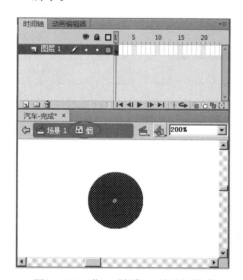

图3-138 进入"烟"元件编辑状态

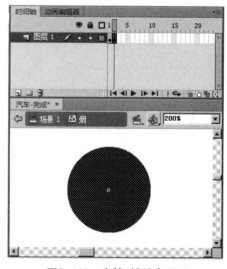

图3-139 在第2帧放大圆形

新建"烟-扩散"元件，从库中将"烟"元件拖入舞台，中心对齐，并在属性面板中将其Alpha设为60%，如图3-140所示。然后在第6帧按快捷键〈F6〉，插入关键帧，再将舞台中的"烟"元件放大并向右移动，同时在属性面板中将其Alpha设为20%，如图3-141所示。最后，右击第1帧和第6帧之间的任意一帧，从弹出的快捷菜单中执行"创建补间动画"命令。此时，按〈Enter〉键，即可看到尾气从左向右移动并逐渐放大消失的效果。

复制尾气烟雾。方法：单击时间轴下方的 ◻ （新建图层）按钮，新建"图层2""图层3"和"图层4"，同时选择这3个图层，按快捷键〈Shift+F5〉，删除这3个图层的所有帧。然后，右击"图层1"的时间轴，从弹出的快捷菜单中执行"复制帧"命令。最后，分别右击"图层2"的第3帧、"图层3"的第5帧和"图层4"的第7帧，从弹出的快捷菜单中执行"粘贴帧"命令，此时时间轴分布如图3-142所示。

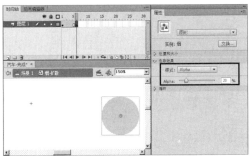

图3-140　将Alpha值设为60%　　　　　　　　图3-141　将Alpha值设为20%

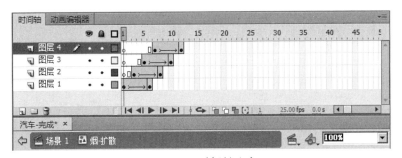

图3-142　时间轴分布

此时按〈Enter〉键，播放动画，会发现尾气自始至终朝着一个方向移动，并没有发散效果。这是错误的，下面就解决这个问题。方法：分别选择4个图层的最后1帧，将舞台中的"烟"元件向上或向下适当移动即可，如图3-143所示。

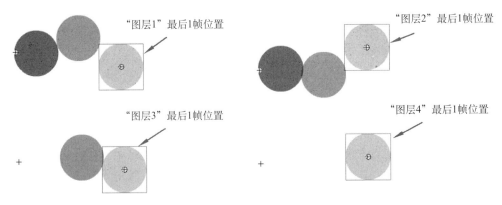

"图层1"最后1帧位置　　　　　　　　　"图层2"最后1帧位置

"图层3"最后1帧位置　　　　　　　　　"图层4"最后1帧位置

图3-143　4个图层的最后1帧的位置

（6）组合汽车。方法：新建"小卡车"图形元件，然后从库中分别将"轮胎-转动""车体""烟-扩散"和"排气管"元件拖入舞台并进行组合，最后在"车"层的第12帧按快捷键〈F5〉，插入普通帧，从而将时间轴的总长度延长到12帧，如图3-144所示。

（7）制作汽车移动动画。方法：单击 场景1 按钮，回到"场景1"，从库中将"小卡车"

图形元件拖入舞台。在第60帧按快捷键〈F6〉，插入关键帧。然后，分别在第1帧和第60帧调整"小卡车"的位置，如图3-145所示。最后，右击第1帧和第60帧之间的任意一帧，从弹出的快捷菜单中执行"创建传统补间"命令。

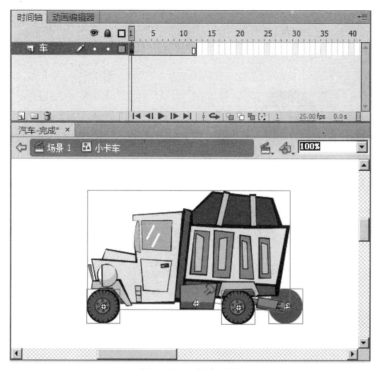

图3-144 组合元件

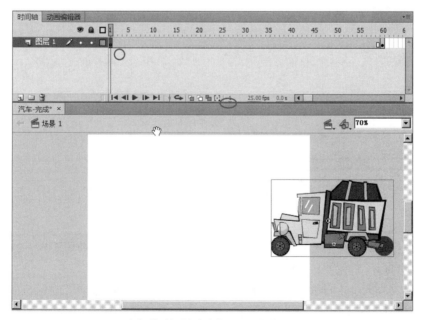

（a）第1帧"小卡车"图形元件的位置

图3-145 不同帧的"小卡车"图形元件位置

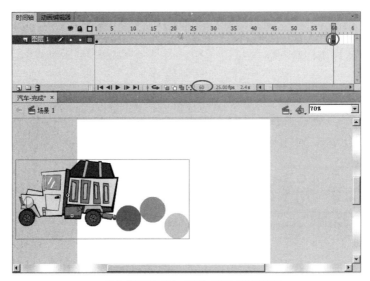

（b）第60帧"小卡车"图形元件的位置

图3-145 不同帧的"小卡车"图形元件位置（续）

（8）至此，整个动画制作完毕。下面执行菜单栏中的"控制|测试影片|测试"（快捷键〈Ctrl+Enter〉）命令，打开播放器窗口，即可看到冒着黑烟颤动着行驶的汽车效果。

3.7.7 制作广告条动画

要点

本例将制作一个大小为700像素×60像素的网页广告条效果，如图3-146所示。通过本例学习应掌握利用"模糊"滤镜和Alpha值制作网页广告条的方法。

热烈欢迎天美2013级新生入学　　热烈欢迎天美2013级新生入学

注册 天美社区 赢取幸运大奖　　注册 天美社区 赢取幸运大奖

每月一部 Apple iPodShuffle　　每月一部 Apple iPodShuffle

教育基金 ￥2000 元 等你来拿！　　教育基金 ￥2000 元 等你来拿！

图3-146 广告条效果

操作步骤

1. 制作文字"热烈欢迎天美2013级新生入学"淡入后再淡出的效果

（1）启动Flash CS6软件，新建一个Flash文件（ActionScript 2.0）。

（2）设置文档大小。方法：单击属性面板中"大小"右侧的"编辑"按钮，在弹出的"文档属性"对话框中设置文档的尺寸为700像素×60像素，并将背景颜色设置为白色（#FFFFFF），单击"确定"按钮，如图3-147所示。

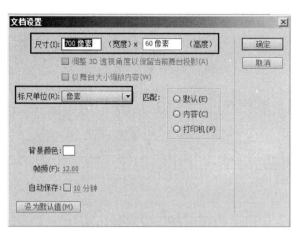

图3-147　设置"文档属性"

（3）选择工具箱上的 **T**（文本工具），并在属性面板中设置相关参数，然后在工作区中单击鼠标后输入文字，并将其居中对齐，如图3-148所示。接着，按快捷键〈F8〉，在弹出的对话框中设置相关参数（见图3-149），单击"确定"按钮，从而将其转换为"元件1"影片剪辑元件。

图3-148　输入文字

（4）分别在"图层1"的第6帧、第40帧和第46帧按快捷键〈F6〉，插入关键帧。然后，分别单击第1帧和第46帧，将舞台中的"元件1"的Alpha设为0%，如图3-150所示。接着，分别在第1~6帧、第40~46帧之间创建传统补间动画，此时时间轴分布如图3-151所示。最后按键盘上的〈Enter〉键播放动画，即可看到文字淡入后再淡出的效果，如图3-152所示。

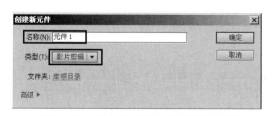

图3-149　将文字转换为"元件1"元件

图3-150　将Alpha值设置为0%

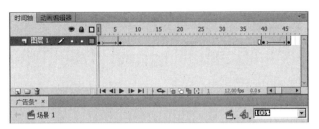

图3-151　时间轴分布

热烈欢迎天美2013级新生入学

热烈欢迎天美2013级新生入学

热烈欢迎天美2013级新生入学

图3-152　文字淡入后再淡出的效果

2. 制作文字"注册 天美社区 赢取幸运大奖"从右侧进入舞台中央，并从模糊变清晰，然后开始抖动，接着向右略微移动后再向从左侧离开舞台，并从清晰变模糊的效果

（1）输入并对齐文字。方法：单击时间轴下方的 🗋（新建图层）命令，新建"图层2"。然后，在"图层2"的第47帧按快捷键〈F7〉，插入空白的关键帧。接着，选择工具箱中的 **T**（文本工具），设置字号为39，输入文字"注册 天美社区 赢取幸运大奖"，并中心对齐。再为文字指定不同的颜色，结果如图3-153所示。

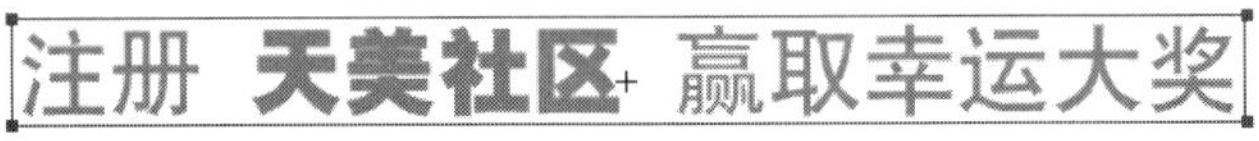

注册 **天美社区** 赢取幸运大奖

图3-153　输入文字

（2）制作文字发光效果。方法：选择舞台中的文字，然后在"属性"面板"滤镜"下拉项中单击 🗋（添加滤镜）按钮，从弹出的快捷菜单中执行"发光"命令，接着设置参数，如图3-154所示，结果如图3-155所示。

图3-154　设置"发光"参数

注册 **天美社区** 赢取幸运大奖

图3-155　发光效果

（3）制作文字模糊效果。方法：选择文字，按快捷键〈F8〉，在弹出的对话框中设置相关参数（见图3-156），单击"确定"按钮，从而将其转换为"元件2"影片剪辑元件。然后，在"属性"面板"滤镜"下拉项中单击 （添加滤镜）按钮，从弹出的快捷菜单中选择"模糊"命令，接着设置参数，如图3-157所示，结果如图3-158所示。

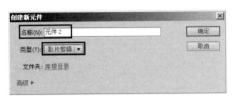

图3-156 将文字转换为"元件2"元件　　　　图3-157 设置"模糊"参数

图3-158 模糊效果

（4）制作文字从舞台右侧向左运动到舞台中央，且由模糊到清晰的渐显效果。方法：在"图层2"的第51帧按快捷键〈F6〉，插入关键帧，并将该帧的"模糊X"设为0（即第51帧没有模糊效果）。然后，在第47帧选择舞台中的文字，在属性面板中将其Alpha值设为0%。接着，将其移动到舞台右侧，如图3-159所示。最后，在"图层2"的第47~51帧之间创建传统补间动画。

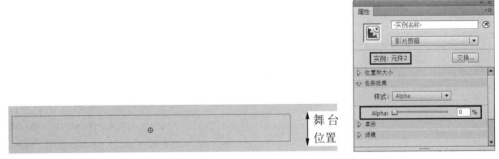

图3-159 在第47帧设置文字Alpha值为0%并移动位置

（5）制作文字抖动效果。方法：按快捷键〈Ctrl+F8〉，在弹出的对话框中设置相关参数（见图3-160），单击"确定"按钮，进入"元件2-2"的影片剪辑编辑状态。然后，从库中将"元件2"拖入舞台并中心对齐，接着分别"元件2-2"中"图层1"的第2~5帧，按快捷键〈F6〉，插入关键帧，并将第2帧的文字坐标设为X、Y（0.0，-2.0）；第3帧的文字坐标设为X、Y（0.0，2.0）；第3帧的文字坐标设为X、Y（-2.0，0.0）；第4帧的文字坐标设为X、Y（2.0，0.0），此时时间轴分布如图3-161所示。最后单击 场景1 按钮，回到场景1。然后，在"图层2"的第52帧按快捷键〈F7〉键，插入空白的关键帧。接着，从库中将"元件2-2"拖入舞台并与前一帧的文字中心对齐。

图3-160　创建"元件2-2"元件

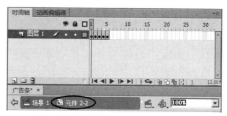

图3-161　元件2-2的时间轴分布

（6）制作文字抖动后向右略微移动后再向左移出舞台并逐渐消失的效果。方法：右击"图层2"的第51帧，从弹出的快捷菜单中选择"复制帧"命令，再在"图层2"的第82帧右击，从弹出的快捷菜单中执行"粘贴帧"命令。然后，在"图层2"的第85帧按快捷键〈F6〉，插入关键帧，并将该帧舞台中的文字向右移动，将文字坐标设为X、Y（423.0，30.0）。接着，在"图层2"的第89帧按快捷键〈F6〉，插入关键帧，将文字向左移动出舞台，并将该帧的Alpha值设为0%，如图3-162所示。最后，在"图层2"的第82~89帧之间创建传统补间动画，此时时间轴分布如图3-163所示。

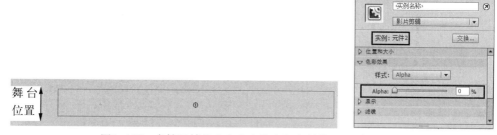

图3-162　在第89帧将文字向左移出舞台并将Alpha值设为0%

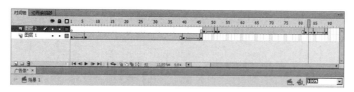

图3-163　时间轴分布

3．制作文字"每月一部 Apple iPodShuffle"从舞台上方进入舞台中央，并从模糊变清晰，然后开始抖动，接着略微向上移动后再向下移动出舞台，并从清晰便模糊的效果

（1）输入并对齐文字。方法：单击时间轴下方的 命令，新建"图层3"。然后，在"图层3"的第90帧按快捷键〈F7〉，插入空白的关键帧。然后，选择工具箱中的 **T**（文本工具），设置字号为39，输入文字"每月一部 Apple iPodShuffle"，并中心对齐。接着，为文字指定不同的颜色，结果如图3-164所示。

每月一部 Apple iPodShuffle

图3-164　输入文字

（2）制作文字发光效果。方法：选择舞台中的文字，然后在"属性"面板"滤镜"下拉项中单击▣（添加滤镜）按钮，从弹出的快捷菜单中执行"发光"命令，接着设置相关参数（见图3-165），结果如图3-166所示。

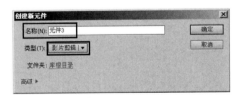

图3-165　设置"发光"参数

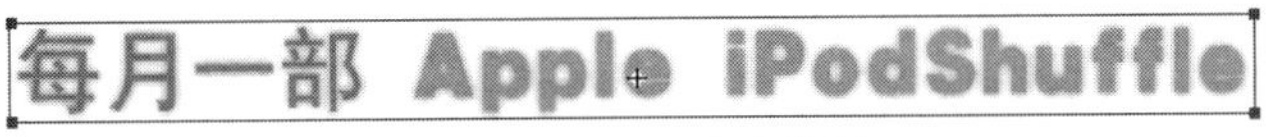

图3-166　发光效果

（3）制作文字模糊效果。方法：选择文字，按快捷键〈F8〉，在弹出的对话框中设置相关参数（见图3-167），单击"确定"按钮，从而将其转换为"元件3"影片剪辑元件。然后，在"属性"面板"滤镜"下拉项中单击▣（添加滤镜）按钮，从弹出的快捷菜单中执行"模糊"命令，接着设置相关参数（见图3-168），结果如图3-169所示。

图3-167　将文字转换为"元件3"元件

图3-168　设置"模糊"参数

图3-169　模糊效果

（4）制作文字从舞台上方运动到舞台中央，且由模糊到清晰的效果。方法：在"图层2"的第94帧按快捷键〈F6〉，插入关键帧，并将该帧的"模糊X"和"模糊Y"均设为0（即第94帧没有模糊效果）。接着，在第90帧将其移动到舞台上方，如图3-170所示。最后，在"图层3"的第90~94帧之间创建传统补间动画。

图3-170　在"图层2"的第90帧将文字移动到舞台上方

（5）制作文字抖动效果。方法：按快捷键〈Ctrl+F8〉，在弹出的对话框中设置相关参数（见图3-171），单击"确定"按钮，进入"元件3-3"的影片剪辑编辑状态。然后，从库中将"元件3"拖入舞台并中心对齐，接着分别在"元件3-3"中"图层1"的第2~5帧，按快捷键〈F6〉，插入关键帧，并将第2帧的文字坐标设为X、Y（0.0，-2.0）；第3帧的文字坐标设为X、Y（0.0，2.0）；第3帧的文字坐标设为X、Y（-2.0，0.0）；第4帧的文字坐标设为X、Y（2.0，0.0），此时时间轴分布如图3-172所示。最后，单击 **场景1** 按钮，回到场景1。然后，在"图层3"的第95帧按快捷键〈F7〉，插入空白的关键帧。接着从库中将"元件3-3"拖入舞台并与前一帧的文字中心对齐。

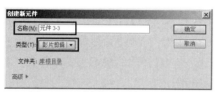

图3-171　创建"元件3-3"元件

图3-172　"元件3-3"时间轴分布

（6）制作文字抖动后，向上略微移动再向下移出舞台的效果。方法：右击"图层3"的第94帧，从弹出的快捷菜单中选择"复制帧"命令，再在"图层2"的第125帧右击，从弹出的快捷菜单中选择"粘贴帧"命令。然后，在"图层3"的第128帧按快捷键〈F6〉，插入关键帧，并将该帧舞台中的文字向上移动，将文字坐标设为X、Y（350.0，16.0）。接着在"图层3"的第132帧按快捷键〈F6〉，插入关键帧，将文字向下移动出舞台，并在"滤镜"面板中将"模糊X"设为0，"模糊Y"设为27，结果如图3-173所示。最后，在"图层3"的第125~132帧之间创建传统补间动画，此时时间轴分布如图3-174所示。

图3-173　在第132帧将文字向下移出舞台并调整模糊数值

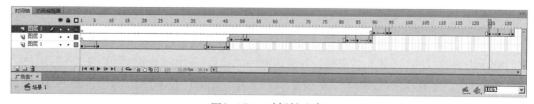

图3-174　时间轴分布

4. 制作文字"教育基金￥2000元等你来拿！"从舞台左侧进入舞台中央，并从模糊变清晰，然后开始抖动，接着略微向左移动后再向右移动出舞台，并从清晰变模糊的效果

（1）输入并对齐文字。方法：单击时间轴下方的■（新建图层）按钮，新建"图层4"。然后，在"图层4"的第133帧按快捷键〈F7〉，插入空白的关键帧。然后，选择工具箱中的 **T**（文本工具），设置字号为39，输入文字"教育基金　2000 元 等你来拿！"，并中心对齐。接着，为文字指定不同的颜色，结果如图3-175所示。

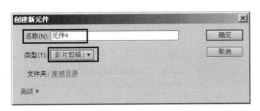

图3-175　输入文字

（2）制作文字发光效果。方法：选择舞台中的文字，然后在"属性"面板"滤镜"下拉项中单击■（添加滤镜）按钮，从弹出的快捷菜单中执行"发光"命令，接着设置相关参数（见图3-176），结果如图3-177所示。

（3）制作文字模糊效果。方法：选择文字，按快捷键〈F8〉，在弹出的对话框中设置相关参数（见图3-178），单击"确定"按钮，从而将其转换为"元件4"影片剪辑元件。然后在"属性"面板"滤镜"下拉项中单击■（添加滤镜）按钮，从弹出的快捷菜单中执行"模糊"命令，接着设置相关参数（见图3-179），结果如图3-180所示。

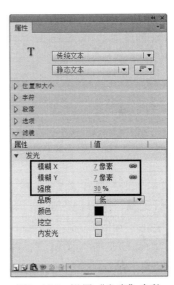

图3-176　设置"发光"参数

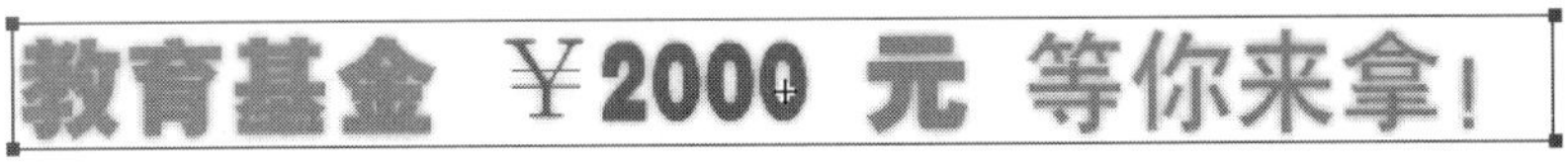

图3-177　发光效果

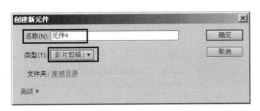

图3-178　设置"发光"参数

图3-179　发光效果

图3-180　模糊效果

（4）制作文字从舞台左侧向右运动到舞台中央，且由模糊到清晰的渐显效果。方法：在"图层4"的第137帧按快捷键〈F6〉，插入关键帧，并将该帧的"模糊X"设为0（即第137帧没有模糊效果）。然后，在第133帧选择舞台中的文字，在属性面板中将其Alpha值设为0%。接着将其移动到舞台左侧，如图3-181所示。最后，在"图层4"的第133~137帧之间创建传统补间动画。

图3-181　在第133帧设置文字Alpha值为0%并移动位置

（5）制作文字抖动效果。方法：按快捷键〈Ctrl+F8〉，在弹出的对话框中设置相关参数（见图3-182），单击"确定"按钮，进入"元件4-4"的影片剪辑编辑状态。然后，从库中将"元件4"拖入舞台并中心对齐，接着分别对"元件4-4中"图层1"的第2~5帧，按快捷键〈F6〉，插入关键帧，并将第2帧的文字坐标设为X、Y（0.0，-2.0）；第3帧的文字坐标设为X、Y（0.0，2.0）；第3帧的文字坐标设为X、Y（-2.0，0.0）；第4帧的文字坐标设为X、Y（2.0，0.0），此时时间轴分布如图3-183所示。最后，单击 场景1 按钮，回到场景1。然后，在"图层4"的第138帧按快捷键〈F7〉，插入空白的关键帧。接着，从库中将"元件4-4"拖入舞台并与前一帧的文字中心对齐。

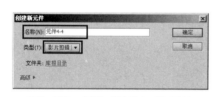

图3-182　创建"元件4-4"元件

图3-183　"元件4-4"时间轴分布

（6）制作文字抖动后向左略微移动后再向右移出舞台并逐渐消失的效果。方法：右击"图层4"的第137帧，从弹出的快捷菜单中选择"复制帧"命令，再在"图层4"的第168帧右击，从弹出的快捷菜单中选择"粘贴帧"命令。然后，在"图层4"的第171帧按快捷键〈F6〉，插入关键帧，并将该帧舞台中的文字向左移动，将文字坐标设为X、Y（330.0，30.0）。接着，在"图层4"的第175帧按快捷键〈F6〉，插入关键帧，将文字向右移动出舞台，并将该帧的Alpha值设为0%，如图3-184所示。最后，在"图层4"的第168~175帧之间创建传统补间动画，此时时间轴分布如图3-185所示。

图3-184 在第175帧将文字向右移出舞台并将Alpha值设为0%

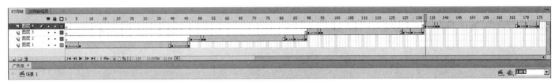

图3-185 时间轴分布

（7）至此，整个动画制作完毕。下面执行菜单中的"控制|测试影片|测试"（快捷键〈Ctrl+Enter〉）命令，打开播放器窗口，即可看到动画效果。

课 后 练 习

1．填空题

（1）Flash中的基础动画可以分为_____、_____和_____3种类型。

（2）"插入帧"的快捷键_____；"删除帧"的快捷键_____；"插入关键帧"的快捷键_____；"插入空白关键帧"的快捷键_____；"清除关键帧"的快捷键_____。

2．选择题

（1）在"时间轴"面板中创建的传统补间动画会以_____显示。

    A．浅绿色背景   B．浅紫色背景   C．浅黄色背景   D．浅红色背景

（2）将舞台中的对象转换为元件的快捷键是_____。

    A．〈F6〉   B．〈F8〉   C．〈F5〉   D．〈F4〉

3．问答题

（1）简述"时间轴"面板的组成。

（2）简述创建补间形状动画和传统补间动画的方法。

（3）简述为对象添加滤镜效果的方法。

4．操作题

（1）练习1：制作如图3-186所示的火鸡头部动画效果。

图3-186　火鸡头部的一些基本动作

（2）练习2：制作图3-187所示的字母变形动画效果。

图3-187　字母变形效果

（3）练习3：制作如图3-188所示的水滴落水动画效果。

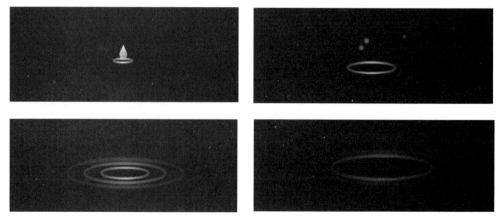

图3-188　水滴落水动画

第4章

Flash CS6的高级动画

📖 **本章重点**

前一章讲解了Flash CS6基础动画的创建方法，本章将在前一章的基础上讲解遮罩动画、引导层动画等高级动画的制作方法。通过本章学习，读者应掌握利用Flash CS6制作高级动画的方法。

本章内容包括：

- ■ 遮罩动画；
- ■ 引导层动画；
- ■ 分散到图层；
- ■ 场景动画。

4.1 遮 罩 动 画

利用遮罩动画能够制作出许多独特的Flash动画效果，比如聚光灯效果、结尾黑场效果等。在日常浏览网页时，经常会看到一些整站为Flash动画的网站，然而每一个动画是不可能在一个平面上展示的，只能通过不同变化的遮罩动画来体现。下面就讲解遮罩动画的制作方法。

4.1.1 遮罩动画的概念

遮罩动画就是限制动画的显示区域。在实际动画制作中，遮罩的作用非常大，不少动画制作经常会用到此功能。

遮罩动画的创建至少需要两个图层，即遮罩层和被遮罩层。其中，遮罩层位于上方，用于设置待显示区域的图层；而被遮罩层位于遮罩层的下方，用来插入待显示区域对象的图层，图4-1即为遮罩效果的示意图。一般情况下，一个遮罩动画中可以同时存在多个被遮罩图层。

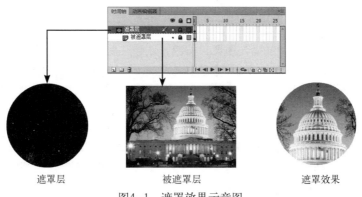

遮罩层　　　　　　　被遮罩层　　　　　　　遮罩效果

图4-1　遮罩效果示意图

4.1.2 创建遮罩动画

在了解了遮罩动画的基本概念后，下面通过一个实例讲解创建遮罩动画的方法。具体操作步骤如下：

（1）按快捷键〈Ctrl+N〉，新建一个Flash文件（ActionScript 2.0）。

（2）执行菜单栏中的"修改|文档"（快捷键〈Ctrl+J〉）命令，在弹出的"文档属性"对话框中设置背景色为黑色（#000000），单击"确定"按钮。

（3）执行菜单栏中的"文件|导入|导入到舞台"命令，导入配套光盘中的"素材及结果\4.1.2创建遮罩动画\背景.jpg"文件，并利用"对齐"面板将其居中对齐，如图4-2所示。

图4-2　将图片居中对齐

（4）选择"图层1"的第60帧，按快捷键〈F5〉，插入普通帧，此时时间轴分布如图4-3所示。

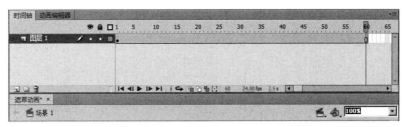

图4-3　时间轴分布

（5）单击时间轴下方的 ▫ （插入图层）按钮，新建"图层2"。然后，利用工具箱中的 ◯ （椭圆工具），配合〈Shift〉键，绘制一个笔触颜色为 ☑ （无色），填充色为绿色的正圆形，并调整位置，如图4-4所示。

> 💡 提示
>
> 　　为了便于查看圆形所在的位置，可以单击"图层2"后面的颜色框，将圆形以线框的方式进行显示，如图4-5所示。

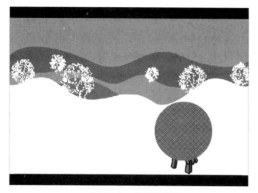

图4-4　绘制圆形

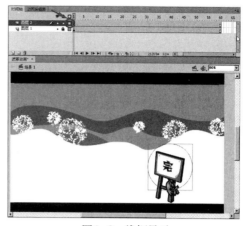

图4-5　线框显示

（6）执行菜单栏中的"修改|转换为元件"（快捷键〈F8〉）命令，将其转换为元件，效果如图4-6所示。

（7）选择"图层2"的第35帧，按快捷键〈F6〉，插入关键帧。

（8）利用工具箱中的 ![](任意变形工具），将第1帧的圆形元件放大，如图4-7所示。

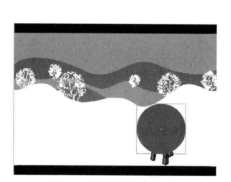

图4-6　将圆形转换为元件

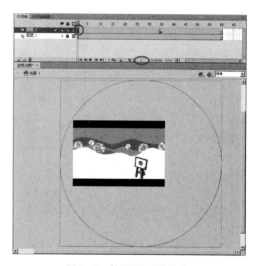

图4-7　将圆形元件放大

（9）在"图层2"的第1帧和第10帧之间右击，从弹出的快捷菜单中执行"创建传统补间"命令，此时时间轴分布如图4-8所示。然后，按〈Enter〉键，播放动画，即可看到圆形从大变小的动画效果。

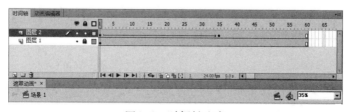

图4-8　时间轴分布

（10）右击"图层2"，从弹出的快捷菜单中选择"遮罩层"命令，此时时间轴分布如图4-9所示。

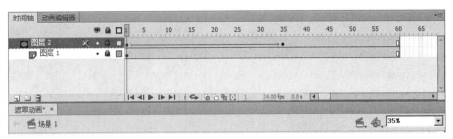

图4-9 时间轴分布

（11）按〈Enter〉键播放动画，即可看到图片可视区域逐渐变小的效果。

（12）至此，动画制作完成。执行菜单栏中的"控制|测试影片|测试"（快捷键〈Ctrl+Enter〉）命令，即可观看到遮罩动画效果，如图4-10所示。

图4-10 结尾黑场动画效果

4.2 引导层动画

利用引导层动画能够制作出一个物体沿着指定路径运动的效果，比如，飞机沿路径飞行的效果。下面就讲解引导层动画的制作方法。

4.2.1 引导层动画的概念

前面讲解了多种类型的动画效果，大家一定注意到这些动画的运动轨迹都是直线。可是在实际中，有很多运动轨迹是圆形的、弧形的，甚至是不规则曲线的，比如围绕太阳旋转的行星运动轨迹等。在Flash中可以通过引导层动画来实现这些运动轨迹的动画效果。

要制作引导层动画至少需要两个图层，即引导层和被引导层。其中，引导层位于上方，在这个图层中有一条辅助线作为运动路径，引导层中的对象在动画播放时是看不到的；而被引导层位于引导层的下方，用来放置沿路径运动的动画。图4-11所示为引导层和被引导层的示意图。

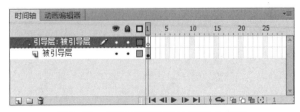

图4-11 引导层和被引导层的示意图

4.2.2　创建引导层动画

在了解了引导层动画的基本概念后，通过一个实例来讲解创建引导层动画的方法。具体操作步骤如下：

（1）按快捷键〈Ctrl+N〉，新建一个Flash文件（ActionScript 2.0）。

（2）选择工具箱中的 ⬭（椭圆工具），在笔触颜色选项中选择 ✎ ⬜（无色），填充颜色选项中选择 ⬤ ▦（黑-绿径向渐变），然后在舞台中绘制正圆形。

（3）执行菜单栏中的"修改|转换为元件"（快捷键〈F8〉）命令，在弹出的"转换为元件"对话框中进行设置，然后单击"确定"按钮，如图4-12所示。

（4）在时间轴的第30帧按快捷键〈F6〉，插入一个关键帧。然后右击第1帧，在弹出的快捷菜单中执行"创建补间动画"命令，时间轴分布如图4-13所示。

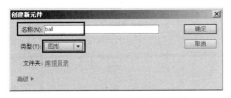

图4-12　"转换为元件"对话框

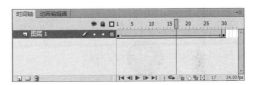

图4-13　创建补间动画的时间轴分布

（5）在时间轴中右击"图层1"，从弹出的快捷菜单中执行"添加传统运动引导层"命令，为"图层1"添加引导层，如图4-14所示。

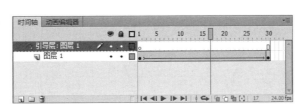

图4-14　添加引导层

（6）选择工具箱中的 ⬭（椭圆工具），笔触颜色设为 ✎ ▬（黑色），填充颜色设为 ⬤ ⬜（无色），然后在工作区中绘制椭圆，效果如图4-15所示。

（7）选择工具箱中的 ▶（选择工具），框选椭圆的下半部分，按〈Delete〉键删除，效果如图4-16所示。

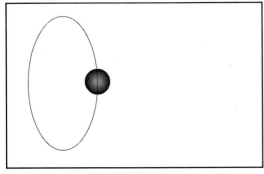

图4-15　绘制椭圆

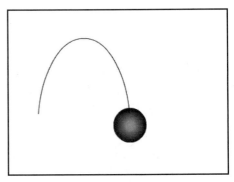

图4-16　删除椭圆的下半部分

> **提示**
>
> 　　每两个椭圆间只能有一个点相连接，如果相接的不是一个点而是线，小球则会沿直线运动，而不是沿圆形路径运动。

（8）同理，绘制其余的3个椭圆并删除下半部分。

（9）利用工具箱中的 ▶ （选择工具）将4个圆相接。然后，回到"图层1"，在第1帧放置小球，如图4-17所示；在第30帧放置小球，如图4-18所示。

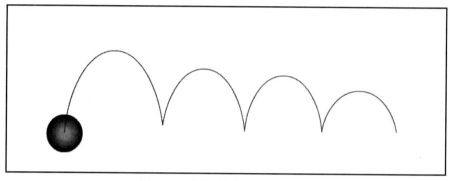

图4-17　在第1帧放置小球的位置

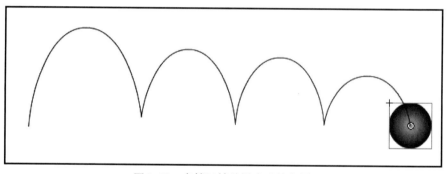

图4-18　在第30帧放置小球的位置

（10）执行菜单栏中"控制|测试影片|测试"（快捷键〈Ctrl+Enter〉）命令，即可看到小球依次沿4个椭圆运动的效果。

4.3　分散到图层

利用分散到图层可以将同一图层上的多个对象分散到多个图层当中。下面通过一个实例来讲解分散到图层的方法。具体操作步骤如下：

（1）按快捷键〈Ctrl+N〉，新建一个Flash文件（ActionScript 2.0）。

（2）选择工具箱中的 **T** （文本工具），在舞台中输入文字"Flash"，如图4-19所示。

（3）利用工具箱中的 ▶ （选择工具）选中文字，然后执行菜单栏中的"修改|分离"命令，将整个单词分离为单个字母，如图4-20所示。

图4-19 输入文字"Flash"

图4-20 将整个单词分离为单个字母

（4）执行菜单栏中的"修改|时间轴|分散到图层"命令，即可将分离后的单个字母分散到不同图层中，如图4-21所示。

图4-21 将单个字母分散到不同图层中

4.4 场 景 动 画

要制作多场景动画，首先要创建场景，然后在场景中制作动画。Flash在播放影片时，会按照场景排列次序依次播放各场景中的动画。所以，在播放影片前，一定要调整好场景的排列次序并删除无用的场景。

4.4.1 创建场景

执行菜单栏中的"窗口|其他面板|场景"命令，打开"场景"面板，如图4-22所示。然后，单击"场景"面板左下角的 （添加场景）按钮，即可添加一个场景，如图4-23所示。如果需要复制场景，可以选中要复制的场景（此时选择的是"场景2"），单击"场景"面板左下角的

（重制场景）按钮，即可复制出一个场景，如图4-24所示。

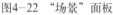

图4-22　"场景"面板

图4-23　添加场景

图4-24　复制场景

4.4.2　选择当前场景

在制作多场景动画时，经常需要修改某场景中的动画，此时应该将该场景设置为当前场景。具体操作步骤为：单击舞台上方的（编辑场景）按钮，然后从弹出的下拉列表中选择要编辑的场景（见图4-25），即可进入该场景的编辑状态。

图4-25　选择要编辑的场景

4.4.3　调整场景动画播放顺序

在制作多场景动画时，经常需要调整各场景动画播放的先后顺序。下面执行菜单栏中的"窗口|其他面板|场景"命令，打开"场景"面板，然后创建4个场景，如图4-26所示。接着，选择要改变顺序的"场景4"，将其拖动到"场景2"的上方，此时会出现一个场景图标，并在"场景2"上方出现一个带圆环头的绿线，其所在位置为"场景4"移动后的位置，如图4-27所示。最后，释放鼠标，即可将"场景4"移动到"场景2"的上方，如图4-28所示。此时，播放动画，"场景4"中的动画会先于"场景2"中的动画播放。

图4-26　"场景"面板

图4-27　移动"场景4"

图4-28　移动"场景4"后的效果

4.4.4　删除场景

在制作Flash动画的过程中，经常需要删除多余的场景。此时，可以在"场景"面板中选择要删除的场景（此时选择的是"场景2"），如图4-29所示，然后单击"场景"面板左下方的 （删除场景）按钮，在弹出的如图4-30所示的提示对话框中单击"确定"按钮，即可将选择的场景删除，如图4-31所示。

图4-29 选择要删除的场景

图4-30 提示对话框

图4-31 删除"场景2"
后的效果

4.5 实 例 讲 解

本节将通过6个实例来对Flash CS6高级动画方面的相关知识进行具体应用，旨在帮助读者快速掌握Flash CS6高级动画方面的相关知识。

4.5.1 制作蓝天中翱翔的飞机效果

 要点

本例制作在蓝天中翱翔的飞机效果，如图4-32所示。通过学习本例，读者应掌握动态背景的制作和引导层动画的应用。

图4-32 蓝天中翱翔的飞机

操作步骤

1. 创建动态背景

（1）启动Flash CS6软件，新建一个Flash文件（ActionScript 2.0）。

（2）执行菜单栏中的"文件|导入|打开外部库"命令，打开配套光盘中的"素材及结果\4.5.1制作蓝天中翱翔的飞机效果\飞机翱翔.fla"文件。然后，从打开的外部"库"面板中将"蓝天白云.jpg"拖入舞台，如图4-33所示。

（3）执行菜单栏中的"修改|文档"命令，在弹出的"文档设置"对话框中选择"内容"单选按钮（见图4-34），从而使文档与"蓝天白云.jpg"等大，然后单击"确定"按钮。

图4-33　从"库"面板中将"蓝天白云.jpg"拖入舞台　　　图4-34　选中"内容"单选按钮

　　（4）创建"云1"元件。方法：选择舞台中的"蓝天白云.jpg"，按快捷键〈F8〉，在弹出的"转换为元件"对话框中进行设置，单击"确定"按钮，如图4-35所示。

图4-35　转换为"云1"图形元件

　　（5）创建"云2"元件。方法：从"库"面板中将"云1"元件拖入舞台，并将其X坐标设为0，Y坐标设为15。然后，选择上方的"云1"元件，在"属性"面板中将Alpha设为20%，从而产生动感模糊的效果，如图4-36所示。接着，按快捷键〈Ctrl+A〉，全选舞台中的两个元件，然后按快捷键〈F8〉，将其转换为"云2"图形元件。

图4-36　设置坐标和Alpha值

（6）创建"云3"元件。方法：从"库"面板中将"云2"元件拖入舞台，然后执行菜单栏中的"修改|变形|水平翻转"命令，将其水平翻转。接着，将其放置到左侧，与原来的"元2"元件左对齐，如图4-37所示。最后，按快捷键〈Ctrl+A〉全选，再按快捷键〈F8〉，将其转换为"云3"图形元件。

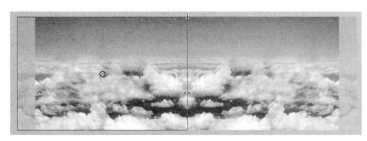

图4-37 拖入"云2"元件并调整位置

（7）创建动态背景。方法：在"图层1"的第50帧按快捷键〈F6〉，插入关键帧。然后，将舞台中的"云3"元件向左移动，右击"图层1"第1帧到第50帧之间的任意一帧，从弹出的快捷菜单中执行"创建传统补间"命令。最后，按〈Enter〉键，播放动画，即可看到背景从右向左移动的效果。

2. 创建翱翔的飞机

（1）单击时间轴下方的■（新建图层）按钮，新建"飞机"层，然后从打开的外部"库"面板中将"蓝色的飞机"元件拖入舞台。

（2）执行菜单栏中的"修改|变形|水平翻转"命令，将其水平翻转。然后，利用工具箱中的■（任意变形工具）将其适当缩小，并将其放置到舞台的左上角，如图4-38所示。

图4-38 拖入"蓝色的飞机"元件并调整位置和大小

（3）选择"飞机"层并右击，从弹出的快捷菜单中执行"添加传统运动引导层"命令，为"飞机"层添加一个引导层，然后选择工具箱中的■（铅笔工具），在该层上绘制一条比较圆滑的螺旋线，作为飞机飞行的路线，如图4-39所示。

图4-39 绘制飞机飞行的路线

（4）回到"飞机"层，在第1帧将"蓝色的飞机"元件拖到螺旋线的起点位置，如图4-40所示，然后在第50帧按快捷键〈F6〉，插入关键帧。将"蓝色的飞机"元件拖到螺旋线的结束点位置，如图4-41所示。在"飞机"层创建补间动画，此时时间轴分布如图4-42所示。

图4-40　在第1帧将"蓝色的飞机"元件拖到螺旋线的起点位置

图4-41　在第50帧将"蓝色的飞机"元件拖到螺旋线的结束点位置

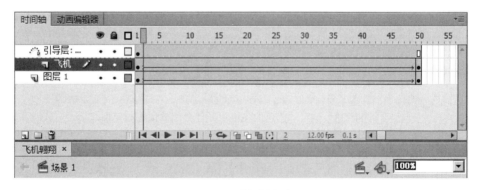

图4-42　时间轴分布

（5）按〈Enter〉键，播放动画，会发现飞机沿螺旋线运动时，方向是一致的，如图4-43所示，这是不正确的。下面选中"飞机"层第1到50帧之间的任意一帧，在"属性"面板选中"调整到路径"复选框，如图4-44所示。此时，飞机即可沿路径的方向飞行，如图4-45所示。

图4-43 飞机沿螺旋线运动方向不变的效果　　　图4-44 选中"调整到路径"复选框

图4-45 飞机沿路径的方向飞行的效果

（6）至此，整个动画制作完毕。下面执行菜单栏中的"控制|测试影片|测试"（快捷键〈Ctrl+Enter〉）命令，打开播放器窗口，即可看到在蓝天中翱翔的飞机效果。

4.5.2 制作寄信动画效果

要点

本例将制作寄信动画效果，如图4-46所示。通过学习本例，应掌握将元件分散到不同图层、动作补间动画和遮罩动画的综合应用。

图4-46 寄信动画效果

操作步骤

（1）执行菜单栏中的"文件|打开"命令，打开"配套光盘\素材及结果\4.5.2制作寄信动画效果\寄信-素材.fla"文件。

（2）从"库"面板中将"信封"和"信箱"两个元件拖入舞台，如图4-47所示。然后，同时选中这两个元件，右击，从弹出的快捷菜单中执行"分散到图层"命令，此时这两个元件会被分配到两个新的图层中，且图层的名称和元件的名称相同，如图4-48所示。

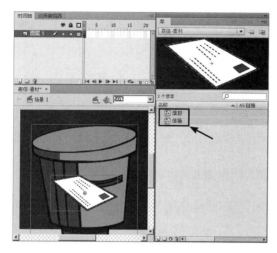

图4-47　将元件拖入舞台

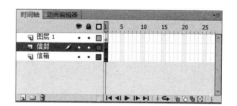

图4-48　将元件分散到不同图层

（3）同时选择3个图层，在第30帧按快捷键〈F5〉，插入普通帧，从而使这3个层的总长度延长到第30帧。然后，在"信封"层的第30帧按快捷键〈F6〉，插入关键帧，此时时间轴分布如图4-49所示。

（4）制作信封移动动画。方法：在第1帧将"信封"移动到图4-50所示，在第30帧将信封移动到图4-51所示的位置。然后右击"信封"层第1~30帧之间的任意一帧，从弹出的快捷菜单中执行"创建传统补间"命令，如图4-52所示。此时，时间轴分布如图4-53所示。

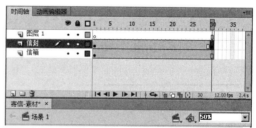

图4-49　时间轴分布

图4-50　第1帧"信封"元件的位置

图4-51　第30帧"信封"元件的位置

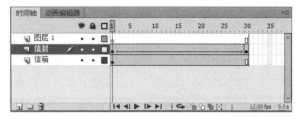

图4-52　选择"创建传统补间"命令　　　　　　　　图4-53　时间轴分布

（5）利用遮罩制作信封进入信箱后消失动画。方法：利用 ![钢笔] （钢笔工具）绘制图形并调整形状，如图4-54所示。然后，选择"图层1"，右击，从弹出的快捷菜单中选择"遮罩层"命令，此时时间轴分布如图4-55所示。

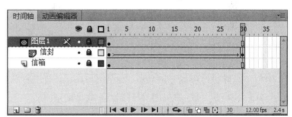

图4-54　绘制作为遮罩的图形　　　　　　　图4-55　时间轴分布

提示

使用遮罩层后只有遮罩图形以内的区域能被显示出来。

（6）执行菜单栏中"控制|测试影片|测试"（快捷键〈Ctrl+Enter〉）命令，即可看到信封进入邮箱后消失的动画。

4.5.3　制作光影文字效果

要点

制作动感十足的光影文字效果，如图4-56所示。通过学习本例，读者应掌握包含15个以上颜色渐变控制点图形的创建方法以及蒙版的使用。

图4-56　光影文字

操作步骤

（1）启动Flash CS6软件，新建一个Flash文件（ActionScript 2.0）。

（2）执行菜单栏中的"修改|文档"（快捷键〈Ctrl+J〉）命令，从弹出的"文档属性"对话框中设置背景色为深蓝色（#000066），设置其余参数，然后单击"确定"按钮，如图4-57所示。

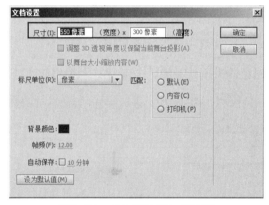

图4-57　"文档设置"对话框

（3）选择工具箱中的 □ （矩形工具），设置笔触颜色为 ，并设置填充为黑-白线性渐变（见图4-58），然后在工作区中绘制一个矩形，如图4-59所示。

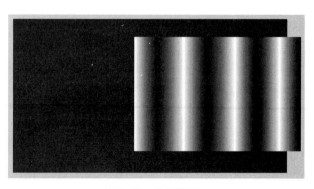

图4-58　设置渐变参数　　　　　　　　　图4-59　绘制矩形

（4）选择工具箱中的 ▶ （选择工具）选取绘制的矩形，然后同时按住键盘上的〈Shift〉键和〈Alt〉键，用鼠标向左拖动选取的矩形，这时将复制出一个新矩形，如图4-60所示。

（5）执行菜单栏中的"修改｜变形|水平翻转"命令，将复制后的矩形水平翻转，然后使用 ▶ 将翻转后的矩形与原来的矩形相接，结果如图4-61所示。

图4-60　复制矩形

图4-61　水平翻转矩形

（6）框选两个矩形，执行菜单栏中的"修改|转换为元件"（快捷键〈F8〉）命令，在弹出的对话框中设置参数，然后单击"确定"按钮，如图4-62所示。此时，连在一起的两个矩形被转换为"矩形"元件。

（7）单击时间轴下方的 ▣ （插入图层）按钮，在"图层1"的上方添加一个"图层2"，如图4-63所示。

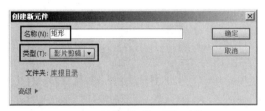
图4-62　转换为"矩形"元件

图4-63　添加"图层2"

（8）选择工具箱中的 T （文本工具），设置相关参数（见图4-64），然后在工作区中单击，输入文字"数码"。

（9）按快捷键〈Ctrl+K〉，打开"对齐"面板，将文字中心对齐，结果如图4-65所示。

图4-64　设置文本属性

图4-65　将文字中心对齐

（10）单击时间轴下方的 ▣ （插入图层）按钮，在"图层2"的上方添加"图层3"，如图4-66所示。

（11）返回到"图层2"，选中文字，然后执行菜单栏中的"修改|分离"（快捷键〈Ctrl+B〉）命令两次，将文字分离为图形，如图4-67所示。接着，执行菜单栏中的"编辑|复制"（快捷键〈Ctrl+C〉）命令。

图4-66 添加"图层3"

图4-67 将文字分离为图形

（12）回到"图层3"，执行菜单栏中的"编辑|粘贴到当前位置"（快捷键〈Ctrl+Shift+V〉）命令，此时"图层3"将复制"图层2"中的文字图形。

（13）回到"图层2"，执行菜单栏中的"修改|形状|柔化填充边缘"命令，在弹出的"柔化填充边缘"对话框中设置参数，如图4-68所示。然后，单击"确定"按钮，结果如图4-69所示。

图4-68 设置 "柔化填充边缘"参数

图4-69 "柔化填充边缘"效果

（14）按住〈Ctrl〉键，依次单击时间轴中"图层2"和"图层3"的第30帧，然后按键盘上的〈F5〉键，使两个图层的帧数增加至30帧。

（15）制作"矩形"元件的运动。方法：单击时间轴中"图层1"的第1帧，利用 ▶（选择工具）向左移动"矩形"元件，如图4-70所示。

图4-70 在第1帧移动"矩形"元件

（16）右击"图层1"的第30帧，从弹出的快捷菜单中执行"**插入关键帧**"（**快捷键**
〈F6〉）命令，在第30帧处插入一个关键帧。然后，利用 向右移动"矩形"元件，如图4-71
所示。

图4-71　在第30帧移动"矩形"元件

（17）选择时间轴中的"图层1"，然后在右侧帧控制区中右击，从弹出的**快捷菜单中选择**
"创建传统补间"命令。这时，矩形将产生从左到右的运动变形。

（18）单击时间轴中"图层3"的名称，从而选中该图层的文字图形。然后，选择工具箱上
的 （颜料桶工具），设置填充色为与前面矩形相同的黑-白线性渐变色，接着在"图层3"的
文字图形上单击，这时文字图形将被填充为黑-白线性渐变色，如图4-72所示。

图4-72　对"图层3"上的文字进行黑-白线性填充

（19）选择工具箱中的 （渐变变形工具）单击文字图形，这时文字图形的左右将出现两
条竖线。然后，将鼠标拖动到右方竖线上端的圆圈处，光标将变成4个旋转的小箭头，按住鼠
标并将它向左方拖动，两条竖线将绕中心旋转，在将它们旋转到图4-73所示的位置时，**释放鼠**
标。此时，文字图形的黑-白渐变色填充将被旋转一个角度。

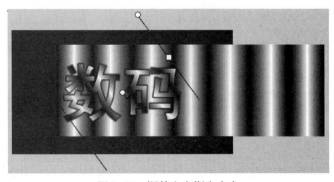

图4-73　调整文字渐变方向

（20）制作蒙版。方法：右击"图层2"的名称栏，从弹出的菜单中执行"遮罩层"命令，结果如图4-74所示。

（21）执行菜单栏中的"控制|测试影片|测试"（快捷键〈Ctrl+Enter〉）命令，打开播放器窗口，可以看到文字光影变幻的效果。此时时间轴如图4-75所示。

图4-74 遮罩效果

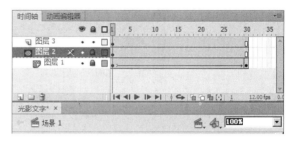

图4-75 时间轴分布

 提示

在"图层3"复制"图层2"中的文字图形，是为了使"图层2"转换成蒙版层后，"图层3"中的文字保持显示状态，从而产生文字边框光影变换的效果。

4.5.4　制作旋转的球体效果

 要点

本例将制作三维旋转的球体效果。当球体旋转到正面时，球体上的图案的颜色加深；当旋转到后面时，球体上的图案颜色变浅，如图4-76所示。通过学习本例，读者应掌握利用Alpha控制图像的不透明度的方法，以及蒙版的应用。

图4-76　旋转的球体

操作步骤

1. 新建文件

（1）启动Flash CS6软件，新建一个Flash文件（ActionScript 2.0）。

（2）执行菜单栏中的"修改|文档"（快捷键〈Ctrl+J〉）命令，在弹出的"文档属性"对话框中设置参数，然后单击"确定"按钮，如图4-77所示。

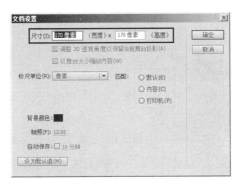

图4-77 设置文档属性

2. 创建"图案"元件

（1）执行菜单栏中的"插入|新建元件"（快捷键〈Ctrl+F8〉）命令，在弹出的"创建新元件"对话框中设置参数（见图4-78），然后单击"确定"按钮，进入"图案"元件的编辑模式。

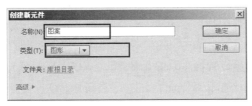

图4-78 创建"图案"元件

（2）在"图案"元件中使用工具箱中的 ✎ （刷子工具）绘制图形，结果如图4-79所示。

图4-79 绘制图形

3. 创建"球体"元件

（1）执行菜单栏中的"插入|新建元件"（快捷键〈Ctrl+F8〉）命令，在弹出的"创建新元件"对话框中设置参数（见图4-80），然后单击"确定"按钮，进入"球体"元件的编辑模式。

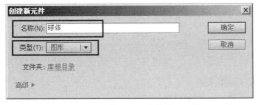

图4-80 创建"球体"元件

（2）选择工具箱中的 ◎ （椭圆工具），设置笔触为 ✎ ⊿ ，在"颜色"面板中设置填充，如

图4-81所示。然后，按住〈Shift〉键，在工作区中绘制一个正圆形，参数设置如图4-82所示，结果如图4-83所示。

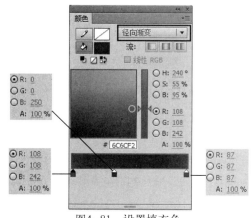

图4-81　设置填充色　　　　　图4-82　设置圆形参数　　　图4-83　圆形效果

（3）单击工具箱中的 （对齐）按钮，在弹出的"对齐"面板中选中"与舞台对齐"复选框，然后再单击 （垂直中齐）和 （水平中齐）按钮，将正圆形中心对齐，如图4-84所示。

（4）制作球体立体效果。选择工具箱中的 （渐变变形工具），单击工作区中的圆形，调整渐变色方向，从而形成向光面和背光面，如图4-85所示。

图4-84　设置填充色　　　　　　　　图4-85　设置圆形参数

4.　创建"旋转的球体"元件

（1）执行菜单栏中的"插入|新建元件"（快捷键〈Ctrl+F8〉）命令，在弹出的"创建新元件"对话框中设置参数，如图4-86所示，然后单击"确定"按钮，进入"旋转的球体"元件的编辑模式。

　　提示

　　　　如果此时类型选择"图形"，则在回到"场景1"后，必须将时间轴总长度延长到第35帧，否则不能产生动画效果。

（2）将库中的"球体"元件拖入"旋转的球体"元件中，并将图层命名为"球体1"，如图4-87所示。

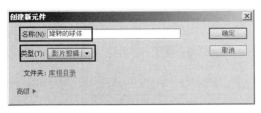

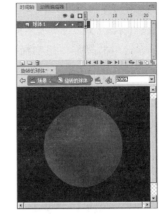

图4-86　创建"旋转的球体"元件　　　图4-87　将"球体"元件拖入"旋转的球体"元件

（3）新建"图案1"层，将"图案"元件拖入"旋转的球体"元件中，并调整位置，如图4-88所示。

图4-88　"图案"元件拖入"旋转的球体"元件

（4）右击"球体1"层的第35帧，从弹出的快捷菜单中执行"插入关键帧"（快捷键〈F6〉）命令。然后，右击"图案1"层的第35帧，从弹出的捷菜单中执行"插入关键帧"（快捷键〈F6〉）命令，接着将"图案1"元件中心对齐。最后，在"图案1"层创建传统补间动画，结果如图4-89所示。

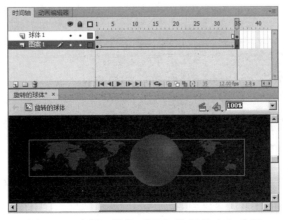

图4-89　在第35帧将"图案1"元件中心对齐

（5）新建"球体2"和"图案2"层，如图4-90所示。选择"球体1"层，右击，从弹出的快捷菜单中执行"复制帧"（快捷键〈Ctrl+Alt+C〉）命令，然后右击"球体2"层，从弹出的快捷菜单中执行"粘贴帧"（快捷键〈Ctrl+Alt+V〉）命令，将"球体1"层上的所有帧粘贴到"球体2"上。接着，调整"图案2"上"图案"元件的位置，使其从右向左运动。

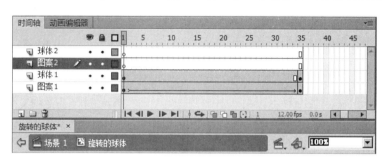

图4-90　新建"球体2"和"图案2"层

（6）同理，将"图案1"层上的所有帧粘贴到"图案2"上，此时时间轴如图4-91所示。

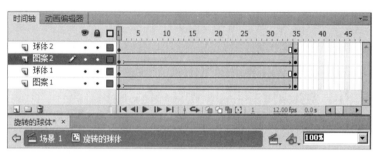

图4-91　时间轴分布

（7）降低图案的不透明度。方法：分别选中"图案1"的第1帧和第35帧，"图案2"的第1帧和第35帧，然后将工作区中"图案"元件的Alpha设为50%，结果如图4-92所示。

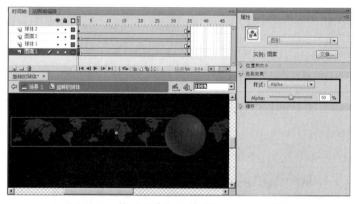

图4-92　将"图案"元件的Alpha设为50%

（8）制作蒙版。方法：分别在时间轴中"球体1"和"球体2"的名称上右击，从弹出的快捷菜单中选择"遮罩层"命令，此时时间轴分布如图4-93所示。

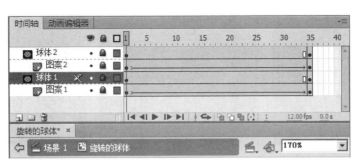

图4-93 时间轴分布

（9）在"球体1"层的上方新建"地球3"层，然后从库中将"球体"元件拖入到"旋转的球体"元件中，并调整中心对齐。再将其Alpha值设为70%。接着，重新锁定"球体1"层，结果如图4-94所示。至此，"旋转的球体"元件制作完毕。

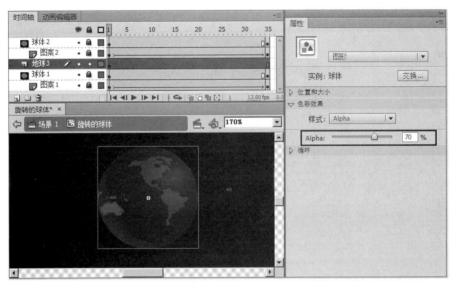

图4-94 最终效果

5．合成场景

（1）单击时间轴上方的 按钮，回到"场景1"，从库中将"旋转的球体"元件拖入到场景中心。

（2）至此，整个动画制作完成。执行菜单栏中的"控制|测试影片|测试"（快捷键〈Ctrl+Enter〉）命令打开播放器，即可观看效果。

4.5.5 制作迪斯尼城堡动画

 要点

本例将制作类似迪斯尼影片开场时卡通城堡的动画效果，如图4-95所示。通过学习本例，应掌握利用导引线制作滑过天空的星星、利用Alpha值制作城堡阴影随灯光移动而变化和利用遮罩制作星星的拖尾效果。

图4-95　城堡动画

操作步骤

1. 制作闪烁的星星效果

（1）打开配套光盘中"素材及结果\4.5.5制作迪斯尼城堡效果|城堡-素材.fla"文件。

（2）设置文档的相关属性。方法：执行菜单栏中的"修改|文档"（快捷键〈Ctrl+J〉）命令，在弹出的"文档设置"对话框中设置背景色为深蓝色（#000066），设置其余参数如图4-96所示，然后单击"确定"按钮。

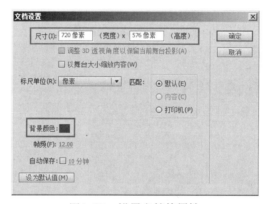

图4-96　设置文档的属性

（3）执行菜单栏中的"插入|新建元件"（快捷键〈Ctrl+F8〉）命令，在弹出的对话框中设置相关参数（见图4-97），单击"确定"按钮，进入"闪烁"图形元件的编辑状态。然后，从"库"面板中将"星星"元件拖入舞台，如图4-98所示。

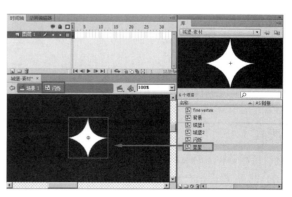

图4-97　新建"闪烁"元件　　　　　图4-98　将"星星"元件拖入舞台

（4）在"图层1"的第6帧按快捷键〈F6〉，插入关键帧。然后，利用工具箱中的 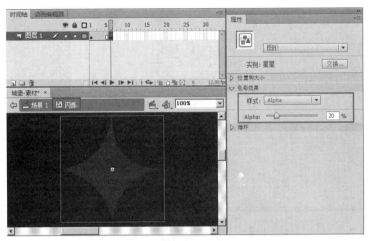（任意变形工具）将舞台中的星星放大200%，接着选中舞台中的星星，在"属性"面板中将Alpha值设为20%，如图4-99所示。

图4-99　在第6帧调整元件大小和不透明度

（5）右击"图层1"的第1帧，从弹出的快捷菜单中执行"复制帧"命令，然后单击时间轴下方的 （新建图层）按钮，新建"图层2"。接着右击"图层2"的第1帧，从弹出的快捷菜单中执行"粘贴帧"命令。最后，在"图层1"创建动作补间动画，此时时间轴分布及舞台效果如图4-100所示。

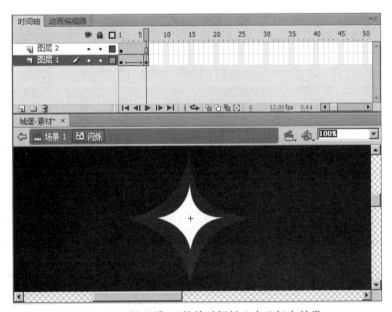

图4-100　"闪烁"元件的时间轴分布及舞台效果

2．制作城堡阴影变化的效果

（1）单击时间轴下方的 场景1 按钮，然后从"库"面板中将"背景""城堡1"和"城堡

2"元件拖入舞台并调整位置，如图4-101所示。

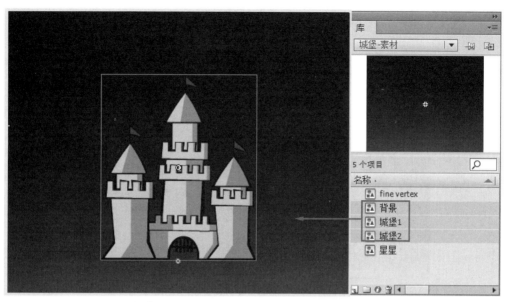

图4-101　将背景""城堡1"和"城堡2"元件拖入舞台并调整位置

（2）将不同元件分散到不同图层。方法：全选舞台中的对象，右击，从弹出的快捷菜单中选择"分散到图层"命令，此时时间轴如图4-102所示。

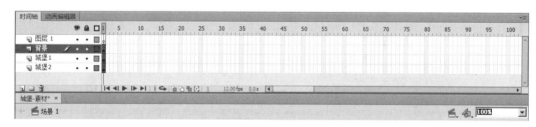

图4-102　时间轴分布

（3）同时选择4个图层的第100帧，按快捷键〈F5〉，从而将这4个图层的总帧数增加到100帧，如图4-103所示。

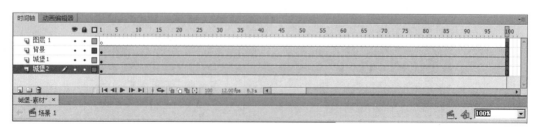

图4-103　将4个图层的总帧数增加到100帧

（4）制作"城堡2"元件的透明度变化动画。方法：将"城堡2"层的第1帧移动到第6帧，然后在"城堡2"的第60帧，按快捷键〈F6〉，插入关键帧。接着，单击"城堡2"层的第1帧，选择舞台中的"城堡2"元件，在"属性"面板中将其Alpha值设为20%。最后，在"城堡2"的第6~60帧之间创建传统补间动画。此时，时间轴分布如图4-104所示，按键盘上的〈Enter〉键播放动画，即可看到城堡阴影从左逐渐到右的效果，如图4-105所示。

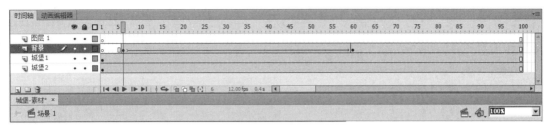

图4-104 时间轴分布

图4-105 将4个图层的总帧数增加到100帧

3. 制作滑过天空的星星效果

（1）为了便于操作，下面将"图层1"以外的其余图层进行锁定。

（2）制作星星的运动路径。方法：将"图层1"命名为"路径"，然后利用工具箱中的 （椭圆工具）绘制一个笔触颜色为任意色（此时选择的是绿色），填充为 的圆形，如图4-106所示。接着，利用工具箱中的 （选择工具）框选圆形下半部分，然后按〈Delete〉键进行删除，结果如图4-107所示。

图4-106 绘制圆形　　　　　　　　　　　图4-107 删除圆形下半部分

（3）制作星星飞过天空时产生的轨迹效果。方法：右击"路径"层的第1帧，从弹出的快捷菜单中执行"复制帧"命令，然后单击时间轴下方的 ◻（新建图层）按钮，新建"轨迹"层，接着右击"轨迹"层的第1帧，从弹出的快捷菜单中执行"粘贴帧"命令。最后，选择复制后的圆形线段，在"属性"面板中将笔触颜色改为白色，并设置笔触样式（见图4-108），结果如图4-109所示。

图4-108　设置笔触样式

图4-109　星星飞过天空时产生的轨迹效果

（4）制作星星沿路径运动的效果。方法：从"库"面板中将"闪烁"元件拖入舞台，然后右击，从弹出的快捷菜单中执行"分散到图层"命令，将其分散到"闪烁"层。接着，在第1帧将"闪烁"元件移到弧线左侧端点处，如图4-110所示。然后，在"闪烁"层第60帧按快捷键〈F6〉，插入关键帧，将"闪烁"元件移到弧线右侧端点处，如图4-111所示。

图4-110　在第1帧将"闪烁"元件移到
左侧端点处

图4-111　在第60帧将"闪烁"元件移到
右侧端点处

（5）右击时间轴左侧"路径"层名称，从弹出的快捷菜单中执行"属性"命令（见图4-112），然后在弹出的对话框中选中"引导层"单选按钮。然后，右击时间轴左侧"闪烁"层名称，从弹出的快捷菜单中执行"属性"命令，在弹出的对话框中单击"引导层"选项，如图4-113所示，单击"确定"按钮。

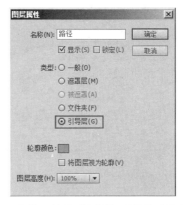

图4-112 选择"引导层"命令　　　图4-113 在第60帧将"闪烁"元件移到右侧端点处

（6）为了使星星的运动与城堡阴影变化同步，下面将"闪烁"层的第1帧移动到第6帧，并在"闪烁"层的第6~60帧之间创建传统补间动画。此时，时间轴分布如图4-114所示。

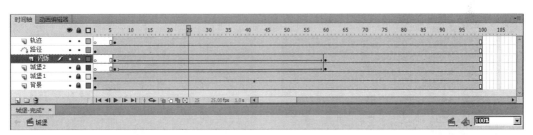

图4-114 时间轴分布

（7）制作星星沿路径运动的同时顺时针旋转两次的效果。方法：右击"闪烁"层的第6帧，然后在"属性"面板中设置相关参数，如图4-115所示。

图4-115 设置旋转属性

4. 制作星星滑过天空时的拖尾效果

（1）将"轨迹"以外的层进行锁定。然后，将"闪烁"层进行轮廓显示，如图4-116所示。

图4-116　将"闪烁"层进行轮廓显示

（2）在"轨迹"层上方新建"遮罩"层，然后在第6帧按快捷键〈F7〉，插入空白的关键帧，利用工具箱中的 （画笔工具）绘制图形作为遮罩后显示区域，如图4-117所示。接着，在第8帧按快捷键〈F6〉，插入关键帧，绘制图形如图4-118所示。

图4-117　在"遮罩"层第6帧绘制效果　　　　图4-118　在"遮罩"层第8帧绘制效果

（3）同理，分别在"遮罩"层的第10、12、14、16、18、20、22、24、26、28、30、32、34、36、38、40、42、44、46、48、50、52、54、56、58、60帧按快捷〈F6〉，插入关键帧，并分别沿路径逐步绘制图形。图4-119所示为部分帧的效果。

（a）第14帧　　　　　　　　（b）第40帧　　　　　　　　（c）第60帧

图4-119　沿路径逐步绘制图形

（4）恢复"闪烁"层正常显示。然后右击"遮罩"层，从弹出的快捷菜单中执行"遮罩层"命令，此时时间轴分布如图4-120所示。

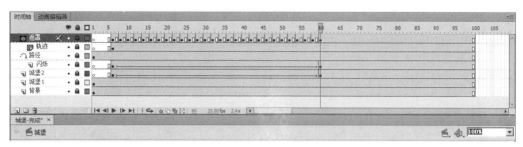

图4-120　时间轴分布

（5）按键盘上的〈Enter〉键播放动画，可以看到星星从城堡前面滑过天空的效果，如图4-121所示。下面在时间轴中将"城堡1"和"城堡2"层拖动到最上方，从而制作出星星从城堡后面滑过天空的效果，如图4-122所示。

图4-121　星星从城堡前面滑过天空

图4-122　星星从城堡后面滑过天空

5. 制作文字逐渐显现效果

（1）新建"文字"层，然后从"库"面板中将Fine vertex元件拖入舞台，然后将"文字"层的第1帧移动到第47帧。

（2）在"文字"层的第65帧按快捷键〈F6〉，插入关键帧。然后，在"属性"面板中将第47帧文字的Alpha值设为0%。接着，在第47~65帧创建传统补间动画。

（3）至此，整个动画制作完毕，此时时间轴分布如图4-123所示。下面执行菜单栏中的"控制|测试影片|测试"（快捷键〈Ctrl+Enter〉）命令，打开播放器窗口，即可看到类似迪斯尼影片开场时卡通城堡的动画效果。

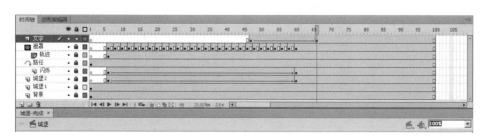

图4-123　时间轴分布

4.5.6　制作跳转画面效果

要点

本例将制作单击按钮后跳转到不同画面的效果，如图4-124所示。通过学习本例，读者应掌握"按钮"元件的创建方法，以及简单的跳转语句的应用。

图4-124　单击按钮后跳转到不同画面的效果

操作步骤

1. 创建基本页面

（1）打开配套光盘中的"素材及结果\4.5.6 制作跳转画面效果\跳转画面-素材.fla"文件。

（2）从库中将"页面1"元件拖入舞台，并利用对齐面板将其居中对齐，如图4-125所示。然后，右击时间轴的第1帧，从弹出的快捷菜单中执行"动作"命令，进入"动作"面板。接着，双击左侧"全局函数"下"时间轴控制"中的stop，将其添加到右侧，如图4-126所示，此时时间轴如图4-127所示。

图4-125　将"页面1"元件拖入舞台

图4-126　添加stop语句

提示

将第1帧的动作设置为stop，是为了使画面静止，以使用按钮进行交互控制。

（3）执行菜单栏中的"窗口|其他面板|场景"命令，打开"场景"面板，然后单击面板下

方的 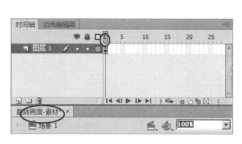（添加场景）按钮，新建"场景2"和"场景3"，如图4-128所示。

图4-127　时间轴分布　　　　　　图4-128　新建"场景2"和"场景3"

（4）在场景面板中单击"场景2"，进入"场景2"的编辑状态，然后从库中将"页面2"拖入舞台并中心对齐。单击时间轴的第1帧，在动作面板中将动作设为stop()，此时画面效果如图4-129所示。

（5）同理，从库中将"页面3"拖入"场景3"，并中心对齐。然后单击时间轴的第1帧，在动作面板中将动作设为stop()，此时画面效果如图4-130所示。

图4-129　"场景2"画面效果　　　　　图4-130　"场景3"画面效果

2. 创建按钮

本例包括next和back两个按钮。

（1）创建next按钮：

① 执行菜单栏中的"插入|新建元件"（快捷键〈Ctrl+F8〉）命令，在弹出的对话框中进行设置（见图4-131），单击"确定"按钮。

图4-131　新建next按钮

② 制作next按钮的底色效果。方法：从库中将"底色1"元件拖入舞台，并中心对齐，如图4-132所示。然后，在时间轴"点击"状态下按快捷键〈F5〉，插入普通帧，结果如图4-133所示。

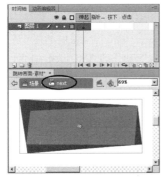

图4-132　将"底色1"元件拖入舞台并中心对齐　　　　图4-133　插入普通帧后的时间轴分布

③ 制作next按钮上的文字效果。方法：单击时间轴下方的 □（新建图层）按钮，新建"图层2"，然后从库中将next-text元件拖入舞台并中心对齐，如图4-134所示。为了增加动感，下面分别在"图层2"的"指针经过""按下"状态下按快捷键〈F6〉，插入关键帧，再将"指针经过"状态下的next-text元件旋转一定角度，效果如图4-135所示。

图4-134　将next-text元件拖入舞台　　　　　图4-135　将next-text元件旋转
　　　　并中心对齐　　　　　　　　　　　　　　　　　一定角度

（2）创建back按钮

① 执行菜单栏中的"插入|新建元件"（快捷键〈Ctrl+F8〉）命令，在弹出的对话框中进行设置，如图4-136所示，单击"确定"按钮。

② 制作back按钮的底色效果。方法：从库中将"底色2"元件拖入舞台，并中心对齐，然后在时间轴"点击"状态下按快捷键〈F5〉，插入普通帧。

③ 制作back按钮上的文字效果。方法：单击时间轴下方的 （新建图层）按钮，新建

图4-136　新建back按钮

"图层2"，然后从库中将back-text元件拖入舞台并中心对齐，如图4-137所示。为了增加动感，下面分别在"图层2"的"指针经过""按下"状态下按快捷键〈F6〉，插入关键帧，再将"指针经过"状态下的back-text元件旋转一定角度，效果如图4-138所示。

图4-137　将back-text元件拖入舞台并中心对齐

图4-138　将back-text元件旋转一定角度

3. 创建交互效果

（1）单击时间轴上方的 按钮，从弹出的快捷菜单中选择"场景1"，如图4-139所示。然后，新建next层，从库中将"next"元件拖入舞台，放置位置如图4-140所示。

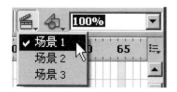

图4-139　选择"场景1"

图4-140　从库中将next元件拖入舞台

（2）右击舞台中的next元件，从弹出的快捷菜单中选择"动作"，然后在动作面板右侧输

入语句，如图4-141所示。

> **提示**
>
> 这段语句的作用是单击next按钮将跳转到下一个场景。

（3）同理，进入"场景2"，然后新建"图层2"，从库中将next元件拖入舞台，放置位置如图4-142所示。接着为next元件设置与上一步相同的动作。

图4-141　为next按钮设置动作

图4-142　将next元件拖入舞台

（4）同理，进入"场景3"，然后新建back层，从库中将back元件拖入舞台，放置位置如图4-143所示。接着，选择舞台中的back元件，在动作面板右侧输入语句，如图4-144所示，从而使单击该按钮后能够跳转到"场景1"画面。

图4-143　将back元件拖入舞台

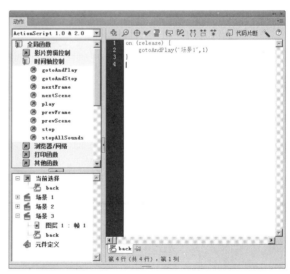

图4-144　为back按钮设置动作

（5）至此，整个动画制作完毕。下面执行菜单栏中的"控制|测试影片|测试"（快捷键〈Ctrl+Enter〉）命令，打开播放器窗口，然后单击不同按钮，即可产生相应的跳转效果。

课 后 练 习

1. 填空题

（1）遮罩动画的创建需要两个图层，即＿＿＿＿＿和＿＿＿＿＿；引导层动画的创建也需要两个图层，即＿＿＿＿＿和＿＿＿＿＿。

（2）利用＿＿＿＿＿命令可以将同一图层上的多个对象分散到多个图层当中。

2. 选择题

（1）下列＿＿＿＿＿属于Flash中的高级动画。

    A．遮罩动画　　　　　　　　　B．场景动画

    C．逐帧动画　　　　　　　　　D．引导层动画

（2）下列＿＿＿＿＿属于遮罩动画。

    A．聚光灯效果　　　　　　　　B．结尾黑场效果

    C．猎狗奔跑效果　　　　　　　D．飞机沿路径飞行效果

3. 问答题

（1）简述创建遮罩动画的方法。

（2）简述调整场景动画播放顺序的方法。

4. 操作题

（1）练习1：制作如图4-145所示的结尾动画效果。

图4-145　结尾黑场的动画效果

（2）练习2：制作如图4-146所示的随风飘落的花瓣效果。

图4-146　飘落的花瓣效果

第5章

图像、声音与视频

本章重点

Flash作为著名的多媒体动画制作软件，支持多种格式的图像、声音和视频的导入，并可以对它们进行一系列操作和处理。通过本章学习，读者应掌握Flash CS6图像、声音与视频方面的相关知识。

本章内容包括：
- 导入图像；
- 应用声音效果；
- 压缩声音；
- 视频的控制。

5.1 导 入 图 像

在Flash CS6中可以很方便地导入其他程序制作的位图图像和矢量图形文件。

5.1.1 导入位图图像

在Flash中导入位图图像会增加Flash文件的大小，但可以通过设置图像属性对图像进行压缩处理。

导入位图图像的具体操作步骤如下：

（1）执行菜单栏中的"文件|导入|导入到舞台"命令。

（2）在弹出的"导入"对话框中选择配套光盘中的"素材及结果\玫瑰.bmp"位图图像文件，如图5-1所示，然后单击 打开(O) 按钮。

（3）在舞台和库中即可看到导入的位图图像，如图5-2所示。

（4）为了减小图像的大小，选中库中的"玫瑰.bmp"，右击，从弹出的快捷菜单中执行"属性"命令。然后，在弹出的对话框中选中"自定义"单选按钮，如图5-3所示，并在"品质"文本框中设定0~100的数值来控制图像的质量。输入的数值越高，图像压缩后的质量越高，图像也就越大。设置完毕后，单击"确定"按钮，即可完成图像压缩。

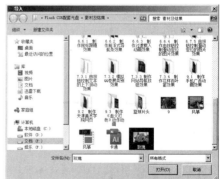

图5-1　选择要导入的位图图像

图5-2 导入的位图图像

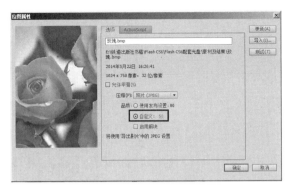

图5-3 选中"自定义"单选按钮

 提示

在导入图像时，如果输入的文件的名称是以数字结尾，而且该文件夹中还有同一序列的其他文件，单击"打开"按钮，就会出现提示是否导入序列中的所有图像的对话框，单击"是"按钮，将输入全部序列，此时时间轴的每一帧会放置一张序列图片；单击"否"按钮，则只输入选定文件。

5.1.2 导入矢量图形

Flash CS6还可导入其他软件中创建的矢量图形，并可对其进行编辑使之成为可以生成动画的元素。导入矢量图形的具体操作步骤如下：

（1）执行菜单栏中的"文件|导入|导入到舞台"命令。

（2）在弹出的"导入"对话框中选择配套光盘中的"素材及结果\卡通.ai"矢量图形文件，如图5-4所示，然后单击 打开(O) 按钮。

（3）在弹出的"将'卡通.ai'导入到舞台"对话框中使用默认参数，单击"确定"按钮，如图5-5所示。

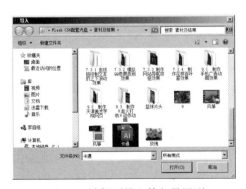

图5-4 选择要导入的矢量图形

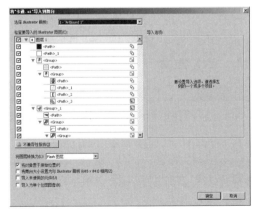

图5-5 使用默认参数

（4）在舞台和库中即可看到导入的矢量图形，如图5-6所示。

图5-6 导入的矢量图形

5.2 应用声音效果

为动画片添加声音效果，可以使动画具有更强的感染力。Flash提供了许多使用声音的方式，既可以使动画与声音同步播放，也可以设置淡入淡出效果使声音更加柔美。

打开配套光盘"素材及结果\篮球片头\篮球介绍-完成.fla"文件，然后按〈Ctrl+Enter〉键，测试动画，此时伴随节奏感很强的背景音乐，动画开始播放，最后伴随着动画的结束音乐淡出，最后出现一个"3 WORDS"按钮，当按下按钮时会听到提示声音。

声音效果的产生是因为加入了背景音乐并为按钮加入了音效。下面就来讲解添加声音的方法。

5.2.1 导入声音

下面通过一个小实例来讲解导入声音的方法，具体操作步骤如下：

（1）执行菜单栏中的"文件|打开"命令，打开配套光盘"素材及结果\篮球片头\篮球介绍-素材.fla"文件。

（2）执行菜单栏中的"文件|导入|导入到库"命令，在弹出的对话框中选择配套光盘中的"素材及结果\篮球片头\背景音乐.wav"和sound.mp3声音文件，如图5-7所示，单击 打开(O) 按钮，将其导入到库。

（3）选择"图层8"，单击 （新建图层）按钮，在"图层8"上方新建一个图层，并将其重命名为"音乐"，然后从库中将"背景音乐.wav"拖入该层，此时"音乐"层上出现了"背景音乐.wav"的详细波形，如图5-8所示。

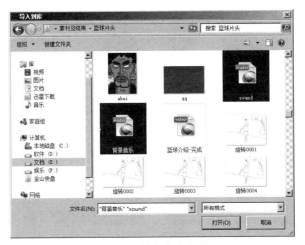

图5-7　导入声音文件

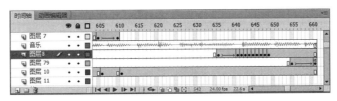

图5-8　将"背景音乐.wav"拖入"音乐"层

（4）按〈Enter〉键，即可听到音乐效果。

5.2.2　声音的淡出效果

（1）选择"音乐"层，打开"属性"面板，如图5-9所示。

在"属性"面板中有很多设置和编辑声音对象的参数。

① 打开"名称"下拉列表，从中可以选择要引用的声音对象，只要是导入到库中的声音都将显示在下拉列表中，这是另一种导入库中声音的方法，如图5-10所示。

② 打开"效果"下拉列表，从中可以选择一些内置的声音效果，比如声音的淡入、淡出等效果，如图5-11所示。

图5-9　声音的"属性"面板

图5-10　"名称"下拉列表

图5-11　"效果"下拉列表

单击"编辑"按钮，弹出如图5-12所示的"编辑封套"对话框。

■ 放大：单击该按钮，可以放大声音的显示，如图5-13所示。

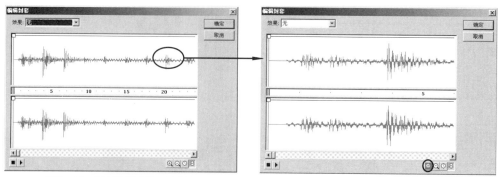

图5-12 "编辑封套"对话框　　　　　　　　图5-13 放大后效果

■ 缩小：单击该按钮，可以缩小声音的显示，如图5-14所示。

■ 秒：单击该按钮，可以将声音切换到以秒为单位，如图5-15所示。

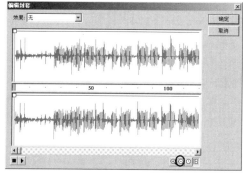 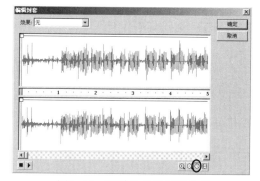

图5-14 缩小后效果　　　　　　　　图5-15 以秒为单位显示效果

■ 帧：单击该按钮，可以将声音切换到以帧为单位。

■ 播放声音：单击该按钮，可以试听编辑后的声音。

● 停止声音：单击该按钮，可以停止正在试听声音的播放。

③ 打开"同步"下拉列表，可以设置"事件""开始""停止"和"数据流"4个同步选项，如图5-16所示。

■ 事件：选中该项后，会将声音与一个事件的发生过程同步起来。事件声音是独立于时间轴播放的完整声音，即使动画文件停止也继续播放。

■ 开始：该选项与"事件"选项的功能相近，但如果声音正在播　　图5-16 "同步"下拉列表
放，使用"开始"选项不会播放新的声音。

■ 停止：选中该项后，将使指定的声音静音。

■ 数据流：选中该项后，将同步声音，强制动画和音频流同步，即音频随动画的停止而停止。

在"同步"下的列表中，还可以设置"重复"和"循环"属性，如图5-17所示。

（2）在"效果"下拉列表中选择"淡出"选项，然后单击"编辑"按钮，此时音量指示线上会自动添加节点，产生淡出效果，如图5-18所示。

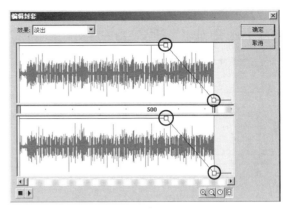

图5-17 设置"重复"和"循环"属性　　　　　　　图5-18 默认淡出效果

（3）这段动画在600帧之后就消失了，而后出现了3WORDS按钮。为了使声音随动画结束而淡出，下面单击 按钮放大视图，如图5-19所示。然后，在第600帧音量指示线上单击，添加一个节点，并向下移动，如图5-20所示，单击"确定"按钮。

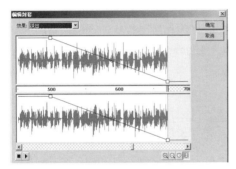

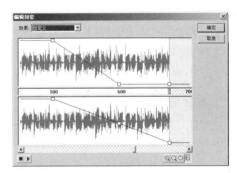

图5-19 放大视图　　　　　　　　　　　　　　图5-20 添加并移动节点

5.2.3 给按钮添加声效

（1）在第661帧，双击舞台中的3WORDS按钮（见图5-21），进入按钮编辑模式，如图5-22所示。

图5-21 双击舞台中的3WORDS按钮　　　　　　图5-22 进入按钮编辑模式

（2）单击 （新建图层）按钮，新建"图层2"，如图5-23所示。然后，在该层"按下"的下方按快捷键〈F7〉，插入空白关键帧，从库中将sound.mp3拖入该层，结果如图5-24所示。

图5-23　新建"图层2"　　　　　　图5-24　在"按下"的下方添加声音

（3）按快捷键〈Ctrl+Enter〉，测试动画，当动画结束按钮出现后，按下按钮就会出现提示音的效果。

5.3　压缩声音

Flash动画在网络上流行的一个重要原因是因为它的文件相对比较小，这是因为Flash在输出时会对文件进行压缩，包括对文件中的声音进行压缩。Flash的声音压缩主要是在"库"面板中进行的，下面就讲解对Flash导入的声音进行压缩的方法。

5.3.1　声音属性

打开"库"面板，然后双击声音左边的 图标或单击 按钮，弹出"声音属性"对话框，如图5-25所示。

在"声音属性"对话框中，可以对声音进行"压缩"处理，打开"压缩"下拉列表，其中有"默认"、ADPCM、MP3、Raw和"语音"5种压缩模式，如图5-26所示。

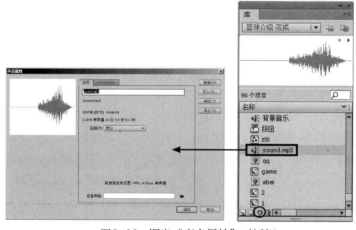

图5-25　调出"声音属性"对话框　　　　图5-26　压缩模式

在此，重点介绍最为常用的MP3压缩选项，通过对它的学习达到举一反三，掌握其他压缩选项的设置。

5.3.2 压缩设置

在"声音属性"对话框中，打开"压缩"下拉列表，选择MP3，如图5-27所示。

图5-27 选择"MP3"

相关参数说明如下：

■ 比特率：用于确定导出的声音文件每秒播放的位数。Flash支持8~160 kbps，如图5-28所示。比特率越低，声音压缩的比例就越大，但是在设置时一定要注意，导出音乐时，需要将比特率设为16 kbps或更高，如果设得过低，将很难获得令人满意的声音效果。

■ 预处理：该项只有在选择的比特率为20 kbps或更高时才可用。选中"将立体声转换为单声道"，表示将混合立体声转换为单声（非立体声）。

■ 品质：该项用于设置压缩速度和声音品质。它有"快速""中"和"最佳"3个选项可供选择，如图5-29所示。"快速"表示压缩速度较快，声音品质较低；"中"表示压缩速度较慢，声音品质较高；"最佳"表示压缩速度最慢，声音品质最高。

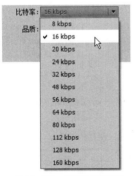

图5-28 设置比特率

图5-29 设置品质

5.4 视频的控制

在Flash CS6中可以导入多种格式的视频，并对其进行相关设置。

5.4.1 支持的视频类型

Flash支持很多种视频文件格式，同时也提供多种在Flash中加入视频的方法，可以将AVI、

MOV、MPEG等视频文件嵌入到动画中。执行菜单栏中的"文件|导入|导入到舞台"或"导入到库"命令，在弹出的"导入到库"对话框中可以看到Flash支持的所有视频格式，如图5-30所示。

图5-30   可导入的视频格式

 提示

　　Flash支持的视频格式会因计算机所安装软件的不同而不同，比如，在计算机上如果已经安装了QuickTime 4和DirectX以上版本，就可以导入扩展名为.avi、.dv、.mp4、.flv、.mov、.wmv和.asf的视频文件。

5.4.2   用向导导入视频

　　Flash是利用"视频导入向导"导入所需嵌入的视频文件的。在向导中，可以在导入之前编辑视频，也可以应用自定义的压缩设置和高级设置，包括宽带或品质设置以及颜色纠正、裁切和其他选项中的高级设置。

　　导入视频的具体操作步骤如下：

　　（1）执行菜单栏中的"文件|导入视频"命令，在弹出的"导入视频"对话框中单击 浏览... 按钮（见图5-31），选择配套光盘中的"素材及结果\风筝.avi"文件。

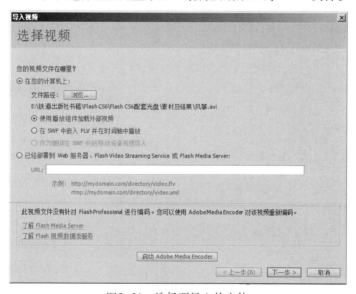

图5-31   选择要导入的文件

（2）单击 下一步 按钮，弹出如图5-32所示对话框。然后，从"外观"右侧的下拉列表中选择一种样式。

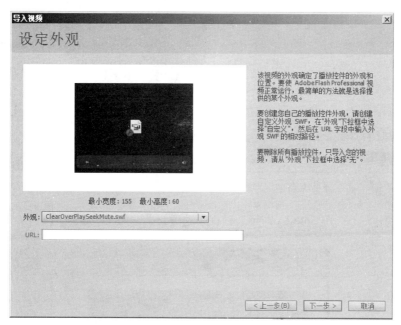

图5-32　选择一种外观

（3）单击 下一步 按钮，此时会显示出要导入的视频文件的相关信息，如图5-33所示。

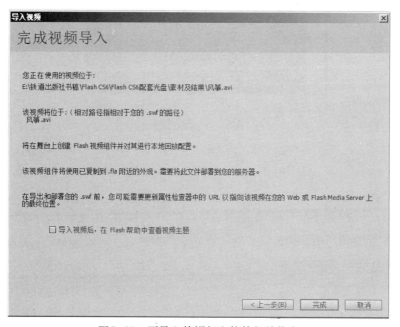

图5-33　要导入的视频文件的相关信息

（4）单击 完成 按钮，即可获取元数据，如图5-34所示。元数据获取完成后，会显示播放界面，如图5-35所示。

图5-34　获取元数据　　　　　　　　图5-35　播放界面

（5）按快捷键〈Ctrl+Enter〉，即可看到视频动画效果，如图5-36所示。

图5-36　预览效果

5.5　实 例 讲 解

本节将通过两个实例来对Flash CS6的图像、声音与视频相关知识进行具体应用，旨在帮助读者快速掌握Flash CS6对于图像、声音与视频等应用方面的相关知识。

5.5.1　制作电话铃响的效果

要点

本例将制作伴随着电话铃响听筒不断跳动的夸张效果，如图5-37所示。通过学习本例，应掌握在Flash中添加并处理声音、调用外部库、将不同元件分散到不同图层、复制和交换元件的方法。

图5-37　电话铃响效果

操作步骤

1. 组合图形

（1）启动Flash CS6软件，新建一个Flash文件（ActionScript 2.0）。

（2）执行菜单栏中的"修改|文档"（快捷键〈Ctrl+J〉）命令，在弹出的"文档设置"对话框中进行设置，单击"确定"按钮，如图5-38所示。

（3）执行菜单栏中的"文件|导入|打开外部库"命令，在弹出的"作为库打开"对话框中选择配套光盘中的"素材及结果\5.5.1 制作电话铃响的效果\电话来了.fla"文件，单击"打开"按钮。

（4）从打开的"电话来了.fla"外部库中将"电话""架子""铃"和"座机"图形元件拖入舞台。此时，调用的"电话来了.fla"库中的4个元件会自动添加到正在编辑文件的"库"面板中，如图5-39所示。

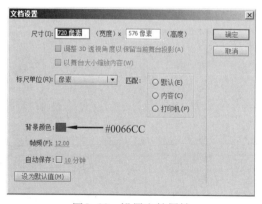

图5-38　设置文档属性

图5-39　当前文件的库面板

（5）选中舞台中的所有元件，右击，从弹出的快捷菜单中选择"分散到图层"命令，将不同元件分散到不同图层上。然后，在舞台中调整各个元件的位置，如图5-40所示。

（6）删除多余的"图层1"。方法：在时间轴上选中"图层1"，然后单击 按钮，将其删除。

2. 制作电话跳动的效果

（1）在"库"面板中，右击"电话"元件，从弹出的快捷菜单中执行"直接复制"命令，然后在弹出的"创建新元件"对话框中进行设置（见图5-41），单击"确定"按钮。

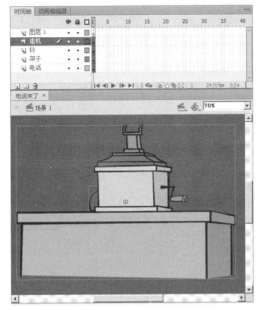

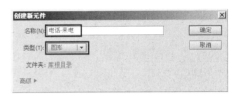

图5-40　在舞台中调整元件的位置　　　　　　　　图5-41　复制元件

（2）在"库"面板中双击"电话-来电"元件，进入编辑状态。然后，利用工具箱中的▒▒（任意变形工具）旋转元件，如图5-42所示。接着，在第2帧按快捷键〈F6〉，插入关键帧，再旋转元件，如图5-43所示。

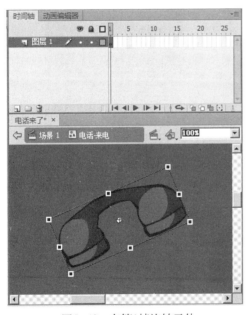

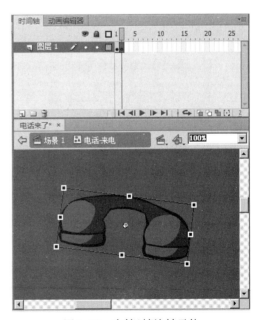

图5-42　在第1帧旋转元件　　　　　　　　图5-43　在第2帧旋转元件

（3）在第2帧，利用工具箱中的＼（线条工具）绘制并调整线条的形状，然后进行复制，效果如图5-44所示。

图5-44 绘制线条

3. 制作铃跳动的效果

（1）在"库"面板中，右击"铃"元件，从弹出的快捷菜单中执行"直接复制"命令，然后在弹出的"直接复制元件"对话框中进行设置，单击"确定"按钮，如图5-45所示。

（2）在"库"面板中双击"铃-来电"元件，进入编辑状态。在第2帧按快捷键〈F6〉，插入关键帧，利用工具箱中的 ⬚ （任意变形工具）放大元件，然后利用工具箱中的 ＼（线条工具）绘制并调整线条形状，如图5-46所示。

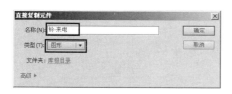

图5-45 复制元件

图5-46 放大元件、绘制并调整线条形状

4. 添加声音效果

（1）单击时间轴下方的 🎬 场景1 按钮，回到"场景1"，然后同时选中4个图层的第80帧，按快捷键〈F5〉，插入普通帧。

（2）在"铃"层的第15帧按快捷键〈F6〉，插入关键帧。然后，在舞台中右击舞台中的"铃"元件，从弹出的快捷菜单中执行"交换元件"命令。接着，在弹出的对话框中选择"铃-来电"元件，单击"确定"按钮，如图5-47所示。

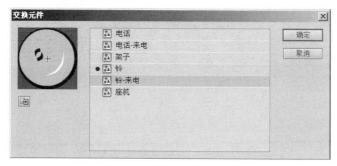

图5-47 选择"铃-来电"元件

（3）选中"铃"层的第15帧，从"电话来了.fla"外部库中将"铃声.wav"拖入舞台，此时时间轴如图5-48所示。

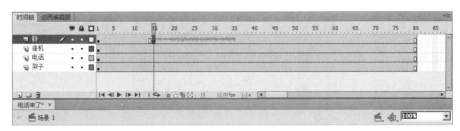

图5-48　调入"铃声.wav"声音文件

（4）按〈Enter〉键，播放动画，可以发现铃声响的时间过长，下面就解决这个问题。方法：在时间轴上单击声音波浪线，此时"属性"面板中将显示出它的属性，然后单击"编辑"按钮，弹出如图5-49所示对话框。接着，将35帧以后的声音去除，并创建第33~35帧之间的声音淡出效果，如图5-50所示。

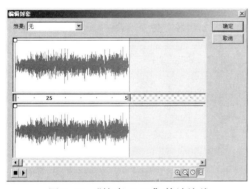
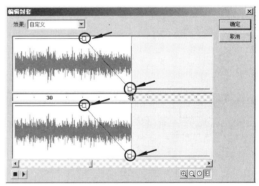

图5-49　"铃声.wav"的波浪线　　　　　　　图5-50　处理后的波浪线

5．制作电话和铃的循环效果

（1）制作铃响的循环效果。方法：右击"铃"层的第1帧，从弹出的快捷菜单中执行"复制帧"命令，然后右击该层的第36帧，从弹出的快捷菜单中选择"粘贴帧"命令。

（2）同理，将第15帧复制到第45帧。然后，将第1帧复制到第65帧，此时时间轴分布如图5-51所示。

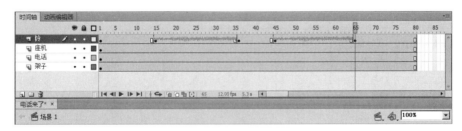

图5-51　时间轴分布

（3）制作电话随铃声跳起的循环效果。方法：在"电话"层的第15帧按快捷键〈F6〉，插入关键帧。然后，右击舞台中的"电话"元件，从弹出的快捷菜单中执行"交换元件"命令，接着在弹出的对话框中选择"电话-来电"元件,单击"确定"按钮,如图5-52所示。

图5-52 替换元件

(4)将"电话"层的第1帧复制到第36帧和第65帧。再将第15帧复制到第45帧,此时时间轴分布如图5-53所示。

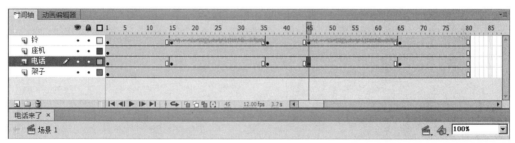

图5-53 时间轴分布

(5)至此,整个动画制作完毕。下面执行菜单栏中的"控制|测试影片|测试"(快捷键〈Ctrl+Enter〉)命令,即可看到效果。

5.5.2 带有声音的螺旋桨转动效果

要点

本例将制作伴随着声音螺旋桨越转越快的效果,如图5-54所示。通过学习本例,应掌握在Flash中添加并处理声音、调用外部库、将不同元件分散到不同图层、控制物体加速和减速旋转以及利用Alpha值来控制元件的不透明度的方法。

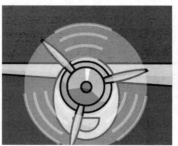
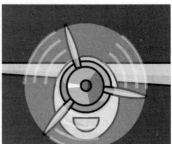

图5-54 螺旋桨转动效果

操作步骤

1. 组合图形

（1）按快捷键〈Ctrl+N〉，新建Flash文档。

（2）执行菜单栏中的"修改|文档"（快捷键〈Ctrl+J〉）命令，在弹出的"文档设置"对话框中进行设置，单击"确定"按钮，如图5-55所示。

（3）执行菜单栏中的"文件|导入|打开外部库"命令，在弹出的"作为库打开"对话框中选择配套光盘中的"素材及结果\5.5.2带有声音的螺旋桨转动效果\螺旋桨.fla"文件，如图5-56所示，单击"打开"按钮，效果如图5-57所示。

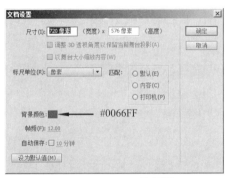

图5-55 设置文档属性

图5-56 选择库文件

提示

利用"打开外部库"命令，可以方便地将其他Flash文件的库调入正在制作的Flash文件中，从而实现资源共享。

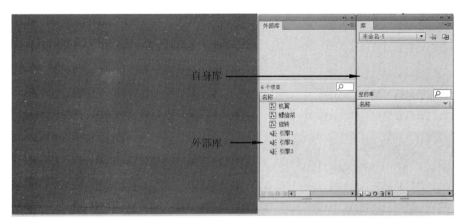

图5-57 调出库

（4）从打开的"螺旋桨.fla"外部库中将"机翼""螺旋桨"和"旋转"图形元件拖入舞台，放置位置如图5-58所示。此时，调用的"螺旋桨.fla"库中的3个元件会自动添加到正在编辑的文件中，如图5-59所示。

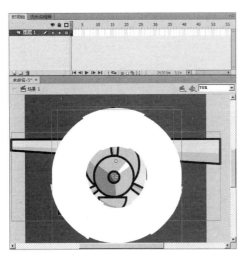

图5-58　将元件拖入舞台　　　　　　图5-59　当前文件的库面板

（5）将元件分散到不同图层。方法：同时选中舞台中的3个元件，然后右击，从弹出的快捷菜单中执行"分散到图层"命令，此时3个元件会被分散到3个图层中，而且图层名称与元件名称相同，如图5-60所示。

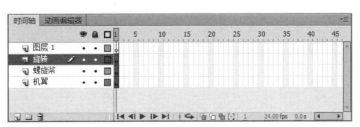

图5-60　将元件分散到不同图层

（6）选择舞台中的"旋转"元件，然后在"属性"面板中将Alpha值设为50%，如图5-61所示。

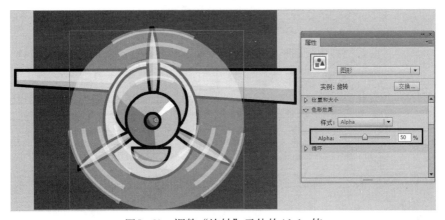

图5-61　调整"旋转"元件的Alpha值

（7）为了便于选取，下面隐藏"旋转"层，然后将其他层的"机翼"和"螺旋桨"元件进行位置调整，如图5-62所示。

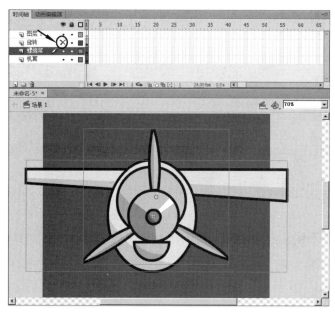

图5-62　调整元件的位置

（8）单击"旋转"层的 ☒ 按钮，恢复该层的显示，然后调整"旋转"元件的位置，如图5-63
所示。

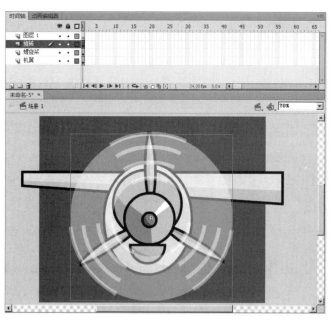

图5-63　调整"旋转"元件的位置

2. 添加并处理声音

（1）将"图层1"重命名为"音效"，然后同时选中4个图层的第115帧，按快捷键〈F5〉，
插入普通帧，此时时间轴分布如图5-64所示。

（2）从"螺旋桨.fla"外部库中将"引擎1.wav"拖入舞台，如图5-65所示。

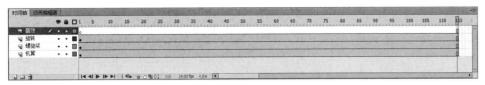

图5-64　同时选中4个图层的第115帧

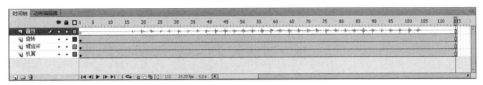

图5-65　将"引擎1.wav"拖入舞台

（3）此时从时间轴上观察，"引擎1.wav"开始和结束时音频线是水平的，这表示静音。下面将静音部分去除。

 提示

　　按〈Enter〉键播放动画可以清楚地检测到"引擎1.wav"开始和结束时的静音效果。

（4）在"音效"层的"引擎1.wav"音频线中单击，此时"属性"面板中将显示出"引擎1.wav"的属性，如图5-66所示。然后单击 ✐ （编辑声音封套）按钮，进入音频编辑状态，如图5-67所示。拖动 Ⅱ 滑块将开始时静音部分去除，如图5-68所示，此时被去除的部分将以灰度显示。同理将结束时静音部分去除，如图5-69所示。

图5-66　"引擎1.wav"的属性面板

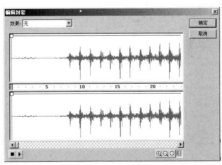

图5-67　"引擎1.wav"的编辑状态

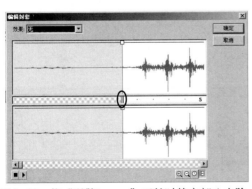

图5-68　将"引擎1.wav"开始时静音部分去除

图5-69　将"引擎1.wav"结束时静音部分去除

（5）添加"引擎2.wav"音效。方法：在"音效"层的第48帧按快捷键〈F7〉，插入空白关键帧，然后从"螺旋桨.fla"外部库中将"引擎2.wav"拖入舞台，如图5-70所示。接着，在属性面板中对"引擎2.wav"开始时的静音进行去除，如图5-71所示，此时时间轴分布如图5-72所示。

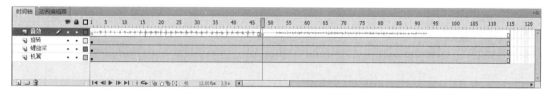

图5-70　将"引擎2.wav"拖入舞台

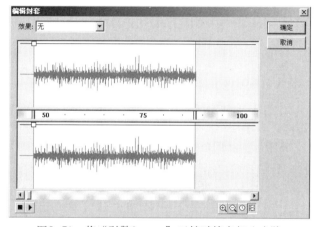

图5-71　将"引擎2.wav"开始时静音部分去除

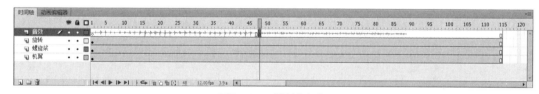

图5-72　时间轴分布

（6）添加"引擎3.wav"音效。方法：在"音效"层的第89帧按快捷键〈F7〉，插入空白关键帧，然后从"螺旋桨.fla"外部库中将"引擎3.wav"拖入舞台，如图5-73所示。

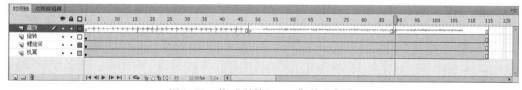

图5-73　将"引擎3.wav"拖入舞台

（7）按〈Enter〉键，播放动画，会发现音乐在第108帧后消失，这是因为时间轴的总长度过长，下面同时选择4个图层中108帧之后的帧，按快捷键〈Shift+F5〉进行删除，此时时间轴分布如图5-74所示。

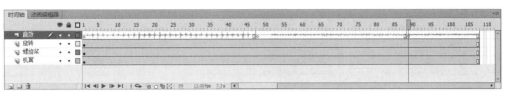

图5-74　去除多余帧的时间轴分布

3. 制作随螺旋桨旋转而带动的空气旋转效果

（1）制作螺旋桨的转动效果。方法：在"螺旋桨"层的第108帧按快捷键〈F6〉，插入关键帧，然后右击该层第1~108帧之间的任意一帧，从弹出的快捷菜单中执行"创建传统补间"命令，接着在"属性"面板中设置"旋转"为"顺时针""15"次，如图5-75所示，此时时间轴分布如图5-76所示。

图5-75　在"属性"面板中设置参数

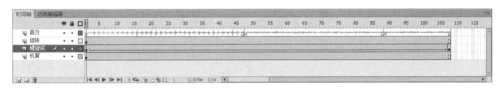

图5-76　时间轴分布

（2）按〈Enter〉键，播放动画，会发现螺旋桨在旋转的过程中位置发生了偏移，如图5-77所示，这是因为轴心点不正确的原因，下面就解决这个问题。方法：利用工具箱中的▦（任意变形工具）选中第1帧的螺旋桨（见图5-78），然后将其轴心点移动到图5-79所示的位置。

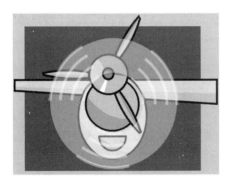

图5-77　位置发生偏移

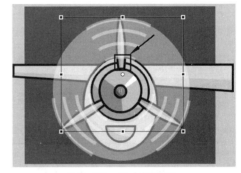

图5-78　选中螺旋桨

（3）同理，对该层的第108帧的"螺旋桨"进行轴心点处理。

4. 制作螺旋桨加速旋转效果

（1）此时螺旋桨的转动是匀速的，下面制作螺旋桨逐渐加速旋转的效果。方法：单击"螺旋桨"层第1~108帧之间的任意一帧，在"属性"面板中设置"缓动"为"-50"，如图5-80所示。

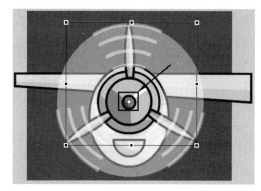

图5-79　调整螺旋桨的轴心点

图5-80　设置螺旋桨加速旋转的参数

（2）制作随螺旋桨旋转不断加速而带动的空气旋转的效果。方法：在"旋转"层的第1帧将"旋转"元件的Alpha设为0%，然后在第57帧按快捷键〈F6〉，插入关键帧，将"旋转"元件的Alpha值设为50%。接着，在"旋转"层创建动作补间，此时时间轴分布如图5-81所示。

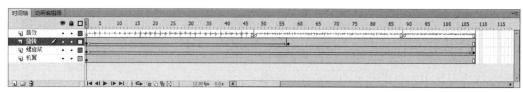

图5-81　时间轴分布

> **提示**
>
> "旋转"元件本身带有旋转动画，因此不用再制作它的旋转动画。

（3）制作在"引擎2.wav"声音出现后的空气旋转效果。方法：选中"旋转"层的第1帧，将其拖动到"引擎2.wav"开始出现的第49帧即可，此时时间轴分布如图5-82所示。

图5-82　时间轴分布

（4）执行菜单栏中的"控制|测试影片|测试"（快捷键〈Ctrl+Enter〉）命令，即可看到效果。

课　后　练　习

1．填空题

（1）在时间轴中选择相关声音后，在其属性面板"同步"下拉列表中有_____、_____、_____和_____4个同步选项可供选择。

（2）在Flash CS6的"声音属性"对话框中，可以对声音进行"压缩"处理。打开"压缩"下拉列表，其中有 _____、_____、_____、_____和_____5种压缩模式。

2．选择题

（1）下列_____属于在Flash CS6中可以导入的视频类型。

A．AVI   B．MOV   C．FLV   D．MP4

（2）在编辑封套对话框中单击下列_____按钮，可以以帧为单位显示音频。

A．    B．   C．   D．

3．问答题

（1）简述导入矢量图形的方法。

（2）简述编辑声音的方法。

4．操作题

（1）练习1：制作如图5-83所示的带有声音的汽车刹车的动画效果。

图5-83 带有声音的汽车刹车的动画效果

（2）练习2：制作如图5-84所示的MTV效果。

图5-84 MTV效果

第6章

交 互 动 画

本章重点

Flash动画存在着交互性，可以通过对按钮的更改来控制动画的播放形式。通过本章学习，读者应掌握Flash CS6中关于交互动画等方面的相关知识。

本章内容包括：

- 使用动作脚本；
- 动画的跳转控制；
- 按钮交互的实现；
- 创建链接；
- 声音的控制。

6.1 使用动作脚本

动作脚本是Flash具有强大交互功能的灵魂所在。和其他脚本语言相同，动作脚本按照自己的语法规则，保留关键字，提供运算符，并且允许使用变量存储和获取信息。动作脚本包含内置的对象和函数，并且允许用户创建自己的对象和函数。动作脚本程序一般由语句、函数和变量组成，主要涉及数据类型、语法规则、变量、函数、表达式和运算符等。

6.1.1 "动作"面板

执行菜单栏中的"窗口|动作"（快捷键〈F9〉）命令，打开"动作"面板，如图6-1所示。

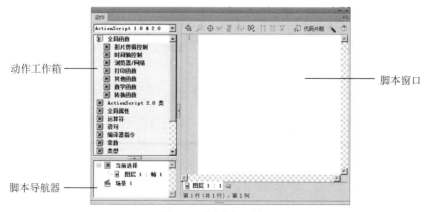

图6-1 "动作"面板

1. 动作工具箱

动作工具箱是浏览ActionScript语言元素（函数、类、类型等）的分类列表，包括全局函数、全局属性、运算符、语句、ActionScript 2.0类、编译器指令、常数、类型、否决的、数据组件、组件、屏幕和索引等，单击它们可以展开相关内容，如图6-2所示。双击要添加的动作脚本即可将它们添加到右侧的脚本窗口中，如图6-3所示。

图6-2 展开相关内容

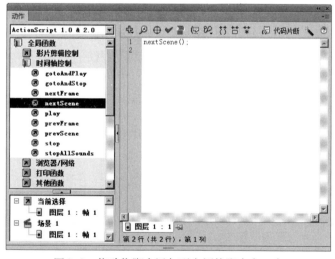

图6-3 将动作脚本添加到右侧的脚本窗口中

2. 脚本导航器

脚本导航器用于显示包括脚本的Flash元素（影片剪辑、帧和按钮）的分层列表。使用脚本导航器可在Flash文档中的各个脚本之间快速移动。如果单击脚本导航器中的某一项目，则与该项目相关联的脚本将显示在脚本窗口中，并且播放头将移动到时间轴上的相关位置。如果双击脚本导航器中的某一项，则该脚本将被固定（就地锁定）。可以通过单击每个选项卡在脚本间移动。

3. 脚本窗口

脚本窗口用来输入动作语句，除了可以在动作工具箱中通过双击语句的方式在脚本窗口中添加动作脚本外，还可以在这里直接用键盘进行输入。

6.1.2 动作脚本的使用

下面主要介绍动作脚本中的数据类型、语法规则、变量、函数、表达式和运算符。

1. 数据类型

数据类型描述了动作脚本的变量或元素可以包含的信息种类。动作脚本有原始数据和引用数据两种数据类型。原始数据类型是指String（字符串）、Number（数字型）和Boolean（布尔型），它们拥有固定类型的值，因此可以包含它们所代表元素的实际值。引用数据类型是指影片剪辑和对象，它们值的类型是不固定的，因此它们只包含对该元素实际值的引用。下面就介绍各种数据类型。

（1）String（字符串）：字符串是字母、数字和标点符号等字符的序列。字符串必须用一对双引号标记。字符串会被当作字符而不是变量进行处理。

例如，在下面的语句中，"L7"就是一个字符串。

```
favoriteBand="L7";
```

（2）Number（数字型）：数字型是指数字的算术值，要进行正确的数学运算必须使用数字数据类型。可以使用算术运算符加（+）、减（−）、乘（*）、除（/）、求模（%）、递增（＋＋）和递减（−−）来处理数字，也可以使用内置的Math对象的方法处理数字。

（3）Bollean（布尔型）：布尔型变量是指值为true或false的变量。动作脚本也会在需要时将值true或false转换为1和0。在确定"是/否"的情况下，布尔型变量是非常有用的。在进行比较以控制脚本流的动作脚本中，布尔型变量经常与逻辑运算符一起使用。

例如，在下面的脚本中，如果变量userName和password为true，则会播放该SWF文件。

```
onClipEvent (enterFrame){
  if(userName==true&&password==true){
  play( );
    }
}
```

（4）Movie Clip（影片剪辑型）：影片剪辑是Flash影片中可以播放动画的元件，它们是唯一引用图形元素的数据类型。Flash中的每个影片剪辑都是一个Movie Clip对象，它们拥有Movie Clip对象中定义的属性和方法。通过"."运算符可以调用影片剪辑内部的属性和方法。

例如以下调用：

```
my_mc.startDrag(true);
parent_mc.getURL(''http://www.macromedia.com/support/"+produce);
```

（5）Object（对象型）：对象型是指所有使用动作脚本创建的基于对象的代码。对象是属性的集合，每个属性都拥有自己的名称和值，属性的值可以是任何Flash数据类型，甚至可以是对象数据类型。通过"."运算符可以引用对象中的属性。

例如，在下面的代码中，hoursWorked是weeklyStats的属性，而weeklyStats是employee的属性。

```
employee.weeklyStats.hoursWorked;
```

（6）null（空值）：空值数据类型只有一个值，即null。这意味着没有值，即缺少数据。null可以用在各种情况中，如作为函数的返回值、表明函数没有可以返回的值、表明变量还没有接收到值、表明变量不再包含值等。

（7）undefined（未定义）：未定义的数据类型只有一个值，即underfined，用于尚未分配值的变量。如果一个函数引用了未在其他地方定义的变量，那么Flash将返回未定义数据类型。

2. 语法规则

动作脚本拥有一套自己的语法规则和标点符号，下面就具体介绍。

（1）点运算符：在动作脚本中，点（.）用于表示与对象或影片剪辑相关联的属性或方法，也可以用于标识影片剪辑或变量的目标路径。点（.）运算符表达式以影片或对象的名称开始，中间为点（.）运算符，最后是要指定的元素。例如，_x影片剪辑属性指示影片剪辑在舞台上的x轴位置，而表达式tankMC._x则引用了影片剪辑实例tankMC的_x属性。

（2）界定符：界定符包括大括号、分号和圆括号。

■大括号：动作脚本中的语句会被大括号括起来组成语句块，例如下面的语句。

```
on(release){
    myDate=new Date( )
    currentMonth=myDate.getMonth( );
}
```

■分号：动作脚本中的语句通常由一个分号结尾，例如下面的语句。

```
var column=passedDate.getDay( );
```

■圆括号：在定义函数时，任何参数定义都必须放在一对圆括号内，例如下面的语句。

```
function myFunction(name,age,reader){
}
```

在调用函数时，需要被传递的参数也必须放在一对圆括号内，例如下面的语句。

```
myFunction("Steve",10,true)
```

（3）区分大小写：在区分大小写的编程语言中，大小写不同的变量名（book和Book）被视为互不相同。ActionScript 2.0中标识符会区分大小写。例如，下面两行语句是不同的。

```
cat.hilite=true;
CAT.hilite=true;
```

对于关键字、类名、变量、方法名等，要严格区分大小写。如果关键字大小写出现错误，在编写程序时就会有错误信息提示。如果采用了彩色语法模式，那么正确的关键字将以深蓝色显示。

（4）注释：在"动作"面板中，使用注释语句可以在一个帧或者按钮的脚本中添加说明，从而增加程序的易读性。注释语句以双斜线"//"开始，斜线显示为灰色，注释内容可以不考虑长度和语法，注释语句不会影响Flash动画输出时的文件量。例如，下面的语句：

```
on(release){
    //创建新的Data对象
    myDate=new Date( );
    currentMonth=myDate.getMonth( );
    //将月份数转换为月份名称
```

```
monthName=calcMonth(currentMonth);
year=myDate.getFullYear( );
currentDate=myDate.getDate( );
}
```

（5）关键字：Flash的动作脚本保留了一些单词用于该语言中的特定用途，因此不能将它们用作变量、函数或标签的名称。如果在编写程序的过程中使用了关键字，动作编辑框中的关键字会以蓝色显示。为了避免冲突，在命名时可以展开动作工具箱中的Index域，检查是否使用了已定义的关键字。

（6）常量：常量中的值永远不会改变。所有的常量可以在"动作"面板的工具箱和动作脚本字典中找到。例如，常量Backspace、Enter和Tab是key对象的属性，指代键盘的按键。如果要测试是否按下了〈Enter〉键，可以使用下面的语句：

```
if(Key.getCode( )==Key.Enter){
  alert="Are you ready to play?";
  controlMC.gotoAndStop(5)
}
```

3. 变量

变量是包含信息的容器。容器本身不会改变，但其内容可以更改。第一次定义变量时，最好为变量定义一个已知值，即初始化变量，通常在SWF文件的第1帧中完成。每一个影片剪辑对象都有自己的变量，而且不同的影片剪辑对象中的变量相互独立且互不影响。

变量中可以存储的常见信息类型包括URL、用户名、数字运算的结果、时间发生的次数等。为变量命名必须遵循以下3个规则：

- 变量名在其作用范围内必须是唯一的。
- 变量名不能是关键字或布尔值（true或false）。
- 变量名必须以字母或下画线开始，由字母、数字、下画线组成，其间不能包括空格。

变量的范围是指变量在其中已知并且可以引用的区域，它包含3种类型：

（1）本地变量：本地变量在声明它们的函数体（由大括号括起）内可用。本地变量的使用范围只限于它的代码块，在该代码块结束时到期，其余的本地变量会在脚本结束时到期。如果要声明本地变量，可以在函数体内部使用var语句。

（2）时间轴变量：时间轴变量可用于时间轴上的任意脚本。要声明时间轴变量，应在时间轴的所有帧上都初始化这些变量。应先初始化变量，再尝试在脚本中访问它。

（3）全局变量：全局变量对于文档中的每个时间轴和范围均可见。如果要创建全局变量，可以在变量名称前使用_global标识符，不使用var语法。

4. 函数

函数是用来对常量、变量等进行某种运算的方法，如产生随机数、进行数值运算、获取对象属性等。函数是一个动作脚本代码块，它可以在影片中的任何位置重新使用。如果将值作为参数传递给函数，则函数将对这些值进行操作。此外，函数也可以返回值。

调用函数可以用一行代码来代替一个可执行的代码块。函数可以执行多个动作，并为它们传递可选项。函数必须要有唯一的名称，以便在代码行中可以知道访问的是哪一个函数。Flash具有内置的函数，可以访问特定的信息或执行特定的任务，例如获得Flash播放器的版本号等。

每个函数都具备自己的特性，而且某些函数需要传递特定的值。如果传递的参数多于函数的需要，则多余的值将被忽略。如果传递的参数少于函数的需要，则空的参数会被指定为undefined数据类型，这在导出脚本时，可能会出现错误。如果要调用函数，该函数必须存在于播放头到达的帧中。

动作脚本提供了自定义函数的方法，用户可以自行定义参数，并返回结果。在主时间轴上或影片剪辑时间轴的关键帧中添加函数，即是在定义函数。所有的函数都有目标路径。所有的函数都需要在名称后跟一对括号（），但括号中是否有参数是可选的。一旦定义了函数，就可以从任何一个时间轴中调用它，包括加载了SWF文件的时间轴。

5. 表达式和运算符

表达式是由常量、变量、函数和运算符按照运算法则组成的计算式。运算符是可以提供对数值、字符串、逻辑值进行运算的关系符号。运算符有很多种类，比如数值运算符、字符串运算符、比较运算符、逻辑运算符、位运算符和赋值运算符等。

（1）算术表达式：算术表达式是对数值进行运算的表达式。它由数值、以数值为结果的函数和算术运算符组成，运算结果是数值或逻辑值。在Flash中可以使用如下算术运算符：

- +、—、*、/：用于执行加、减、乘、除运算。
- =、<>：用于比较两个数值是否相等或不相等。
- <、<=、>、>=：用于比较运算符前面的数值是否小于、小于等于、大于、大于等于后面的数值。

（2）字符串表达式：字符串表达式是对字符串进行运算的表达式。它由字符串、以字符串为结果的函数和字符串运算符组成，运算结果是字符串或逻辑值。

（3）逻辑表达式：逻辑表达式是对结果进行正确、错误判断的表达式。它由逻辑值、以逻辑值为结果的函数、以逻辑值为结果的算术或字符串表达式和逻辑运算符组成，运算结果是逻辑值。

（4）位运算符：位运算符用于处理浮点数。运算时先将操作数转化为32位的二进制数，然后将每个操作数分别按位进行运算，运算后再将二进制的结果按照Flash的数值类型返回。动作脚本的位运算符包括&（位与）、/（位或）、^（位异或）、~（位非）、<<（左移位）、>>（右移位）等。

（5）赋值运算符：赋值运算符的作用是为变量、数组元素或对象的属性赋值。

6.2 动画的跳转控制

关于动画的跳转控制，下面通过一个实例进行讲解，具体操作步骤如下：

（1）打开配套光盘中的"素材及结果\6.2 动画的跳转控制\动画跳转控制–素材.fla"文件。

（2）单击时间轴下方的 ⬚（插入图层）按钮，新建"图层2"。然后，在第20帧按快捷键〈F6〉，插入关键帧，如图6–4所示。

（3）执行菜单栏中的"窗口|动作"命令，打开"动作"面板，双击"全局函数"下的stop，此时在右侧脚本窗口中显示出脚本"stop（）;"，结果如图6–5所示。

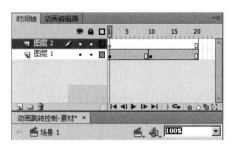

图6-4　在"图层2"的第20帧插入关键帧

图6-5　右侧脚本窗口显示出"stop（）；"

（4）执行菜单栏中的"控制|测试影片|测试"命令，即可看到当动画播放到第20帧时，动画停止的效果。

（5）测试完毕后，关闭动画播放窗口，此时会发现在"图层2"的第20帧多出了一个字母"α"，如图6-6所示，它表示在该帧设置了动作脚本。

图6-6　在"图层2"的第20帧多出了一个字母"α"

（6）制作动画播放到结尾再跳转到第1帧循环播放的效果。方法：在"图层2"的第20帧，打开"动作"面板，删除动作脚本stop，然后双击左侧"时间轴控制"类别中的gotoAndPlay，此时在右侧脚本窗口中显示出脚本"gotoAndPlay（）；"（见图6-7），并在其中的括号中输入"1"。该段脚本表示当动画播放到结尾时，自动跳转到第1帧循环播放。

图6-7 设置动作脚本gotoAndPlay（1）

（7）制作动画播放到结尾再跳转到第1帧并停止播放的效果。方法：在"图层2"的第20帧，打开动作面板，删除动作脚本"gotoAndPlay（1）;"，然后双击左侧"时间轴控制"类别中的gotoAndStop，此时在右侧的脚本窗口中显示脚本"gotoAndStop（）;"并在其中的括号中输入1，如图6-8所示。该段脚本表示当动画播放到结尾时，自动跳转到第1帧并停止播放。

Flash中还有许多时间轴控制的动作脚本，它们的用法都是一样的，下面列出了一些常用的时间轴控制脚本。

■ gotoAndPlay（ ）：

一般用法：gotoAndPlay(场景,帧数)。

作用：跳转到指定场景的指定帧，并从该帧开始播放，如果要跳转的帧为当前场景，可以不输入"场景"参数。

图6-8 设置动作脚本gotoAndStop（1）

参数介绍如下：

场景：跳转至场景的名称，如果是当前场景，就不用设置该项。

帧数：跳转到帧的名称（在"属性"面板中设置的帧标签）或帧数。

举例说明：当按下被添加了gotoAndPlay动作脚本的按钮时，动画跳转到当前场景的第15帧，并从该帧开始播放的动作脚本如下。

```
on(press) {
    gotoAndPlay(15);
}
```

举例说明：当按下被添加了gotoAndPlay动作脚本的按钮时，动画跳转到名称为"动画1"的场景的第15帧，并从该帧开始播放的动作脚本如下。

```
on(press) {
    gotoAndPlay("动画1",15);
}
```

■ gotoAndStop()：

一般用法：gotoAndStop(场景,帧数)。

作用：跳转到指定场景的指定帧并从该帧停止播放，如果没有指定场景，将跳转到当前场景的指定帧。

参数介绍如下：

场景：跳转至场景的名称，如果是当前场景，就不用设置该项。

帧数：跳转至帧的名称或帧数。

■ nextFrame()：

作用：跳转到下一帧并停止播放。

举例说明：当按下被添加了nextFrame动作脚本的按钮时，动画跳转到下一帧并停止播放的动作脚本如下。

```
on(press) {
    nextFrame( );
}
```

■ preFrame()：

作用：跳转到前一帧并停止播放。

举例说明：当按下被添加了preFrame动作脚本的按钮时，动画跳转到前一帧并停止播放的动作脚本如下。

```
on(press) {
    preFrame( );
}
```

■ nextScene()：

作用：跳转到下一个场景并停止播放。

■ preScene()：

作用：跳转到前一个场景并停止播放。

■ play ( ):

作用：使动画从当前帧开始继续播放。

在播放动画时，除非另外指定，否则从第1帧开始播放。如果动画播放进程被"跳转"或者"停止"，那么需要使用"play ( );"语句才能重新播放。

■ stop ( ):

作用：停止当前播放的电影，该动作脚本常用于使用按钮控制影片剪辑。

举例说明：当需要某个影片剪辑在播放完毕后停止而不是循环播放，则可以在影片剪辑的最后一帧添加"stop ( );"动作脚本。这样，当影片剪辑中的动画播放到最后一帧时，播放将立即停止。

■ stopAllSounds ( ):

作用：使当前播放的所有声音停止播放，但是不停止动画的播放。需要注意的是，被设置的流式声音将会继续播放，在"6.5节 声音的控制"中将会详细应用。

举例说明：当按下按钮时，影片中的所有声音将停止播放的动作脚本如下。

```
on(press) {
    stopAllSounds( );
}
```

6.3 按钮交互的实现

除了在关键帧中可以设置动作脚本外，在按钮中也可以设置动作脚本，从而实现按钮交互动画。下面通过一个实例进行讲解，具体操作步骤如下：

（1）打开配套光盘中的"素材及结果\6.3 按钮交互的实现\按钮交互的实现-素材.fla"文件。

 提示

该素材的第1帧被添加了"stop();"动作脚本，因此为静止状态。

（2）创建写有文字"海边别墅"的"元件1"按钮元件和写有文字"海景"的"元件2"按钮元件，如图6-9所示。

图6-9 创建两个按钮元件

（3）单击时间轴下方的■（新建图层）按钮，新建"图层2"。然后，将库面板中的"元件2"按钮拖入舞台，放置位置如图6-10所示。接着，在"图层2"的第10帧按快捷键〈F7〉，插入一个空白关键帧，再将库面板中的"元件1"按钮拖入舞台，放置位置如图6-11所示。

图6-10　将"元件2"按钮拖入舞台

图6-11　在第10帧将"元件1"按钮拖入舞台

（4）设置按下"元件2"（即"海景"）按钮跳转到第10帧画面的效果。方法：右击第1帧舞台中的"元件2"按钮，从弹出的快捷菜单中执行"动作"命令，然后从弹出的"动作"面板中设置动作脚本。

```
on(press) {
    gotoAndStop(10);
}
```

（5）设置按下"元件1"（即"海边别墅"）按钮跳转到第1帧画面的效果。方法：右击第10帧舞台中的"元件1"按钮，从弹出的快捷菜单中执行"动作"命令，然后在弹出的"动作"面板中设置动作脚本。

```
on (press) {
    gotoAndStop(1);
}
```

（6）执行菜单栏中的"控制|测试影片|测试"命令，即可看到按下"海景"按钮后跳转到第10帧的画面，按下"海边别墅"按钮后跳转到第1帧画面的效果。

按钮除了响应按钮事件，还可以响应以下8种按键事件：

■ press：事件发生于鼠标位于按钮上方，并按下鼠标时。

■ release：事件发生于鼠标位于按钮上方按下鼠标，然后松开鼠标时。

■ releaseOutside：事件发生于鼠标位于按钮上方并按下鼠标，然后将鼠标移到按钮以外区域，再松开鼠标时。

■ rollOver：事件发生于鼠标移到按钮上方时。

- rollOut：事件发生于鼠标移出按钮区域时。
- dragOver：事件发生于按住鼠标不松手，然后将鼠标移到按钮上方时。
- dragOut：事件发生于按住鼠标不松手，然后将鼠标移出按钮区域时。
- keyPress：事件发生于用户按下键盘上某个键时，其格式为keyPress"<键名>"。触发事件列表中列举了常用的键名称，比如：keyPress"<left>"，表示按下键盘上的向左方向按钮时触发事件。

6.4　创 建 链 接

在大多数网页中，经常可以看到"使用帮助""与我联系"等类的文字，单击这些文字可链接到指定的网页，如图6-12所示。本节将具体讲解网站中常见的多种链接的方法。

图6-12　链接页面效果

6.4.1　创建文本链接

下面通过具体的实例来说明创建文本链接的方法，具体操作步骤如下：

（1）打开配套光盘中的"素材及结果\6.4 创建链接\创建文本链接-素材.fla"文件。

（2）单击时间轴下方的 ![按钮]（新建图层）按钮，新建"文本链接"层。然后，选择工具箱中的 **T**（文本工具），在舞台中单击，并在"属性"面板中设置文本类型为"静态文本"、字体为"黑体"、字体大小为12，颜色为#FF0000，然后在舞台中输入文字"教学课堂"，如图6-13所示。

（3）同理，输入文字"使用帮助"和"联系我们"。

图6-13　输入文字"教学课堂"

（4）对齐三组文字。方法：利用 ![选择工具]（选择工具），配合〈Shift〉键同时选中三组文字，然后按快捷键〈Ctrl+K〉，打开"对齐"面板，单击 ![左对齐]（左对齐）和 ![垂直居中对齐]（垂直居中对齐）按钮（见

图6-14），结果如图6-15所示。

图6-14 设置对齐参数

图6-15 对齐后的文字效果

（5）创建文字"教学课堂"的文本链接。方法：在舞台中选中文字"教学课堂"，然后在"属性"面板的"链接"文本框中输入链接地址，并在"目标"后的下拉列表框中选择"_blank"，如图6-16所示。

图6-16 创建文字"教学课堂"的文本链接

💡 **提示**

　　"目标"下拉列表框中有4个选项："_blank"，表示在新的浏览器中加载链接的文档；"_parent"，表示在父页或包含该链接的窗口中加载链接的文档；"_self"，表示将链接的文档加载到自身的窗口中；"_top"，表示将在整个浏览器窗口中加载链接的文档。

（6）同理，创建文字"使用帮助"的文本链接，并在"目标"后的下拉列表框中选择"_blank"，如图6-17所示。

（7）执行菜单栏中的"控制|测试影片|测试"(快捷键〈Ctrl+Enter〉)命令，打开播放器，即可测试单击"教学课堂"和"使用帮助"文字后跳转到所链接网站的效果。

图6-17 创建文字"使用帮助"的文本链接

6.4.2 创建邮件链接

创建邮件链接的具体操作步骤如下：

（1）在舞台中选择文字"联系我们"，然后在"属性"面板的"链接"文本框中输入邮件链接地址，并在"目标"后的下拉列表框中选择"_self"，如图6-18所示。

图6-18 创建文字"联系我们"的邮件链接

（2）执行菜单栏中的"控制|测试影片|测试"(快捷键〈Ctrl+Enter〉)命令，打开播放器，此时单击文字"联系我们"后没有任何效果，这是因为在SWF动画中，单击邮件链接是不会有响应的，但并不等于邮件链接没有做好。下面使用浏览器来预览一下。方法：执行菜单栏中的"文件|发布预览|HTML"命令，打开浏览器，然后单击文字"联系我们"，启动Outlook Express，如图6-19所示。

图6-19　启动Outlook Express

6.4.3　创建按钮链接

在网站中，导航的对象不一定都是文字，有时候会是图形。在这种情况下就需要将图形转换为按钮，利用Flash提供的动作脚本完成网页或邮件的链接。

下面通过一个实例来具体讲解将文字转为按钮，并创建按钮链接的方法。具体操作步骤如下：

（1）删除前面创建的文字"教学课堂""使用帮助"和"联系我们"三组文字的文本链接。

（2）选择舞台中的文字"教学课堂"，然后执行菜单栏中的"修改|转换为元件"（快捷键〈F8〉）命令，在弹出的"转换为元件"对话框中进行设置（见图6-20），单击"确定"按钮。

（3）双击舞台中的"教学课堂"按钮元件，进入按钮编辑模式。然后选中"点击"帧，按快捷键〈F6〉，插入关键帧，并利用 ▫（矩形工具）绘制出按钮的相应区域，如图6-21所示。

图6-20　设置"转换为元件"对话框

图6-21　在"点击"帧绘制矩形作为相应区域

（4）创建"教学课堂"按钮的链接。方法：单击 🎬场景1 按钮，回到场景1，然后右击舞台中的"教学课堂"按钮，从弹出的快捷菜单中执行"动作"命令，在弹出的"动作"面板中设置动作脚本。

```
on(release) {
    getURL("http://www.sina.com","_blank");
}
```

（5）同理，将文本"使用帮助"转换为"使用帮助"按钮。然后，选择舞台中的"使用帮助"按钮，在"动作"面板中设置动作脚本。

```
on(release) {
    getURL("http://www.sohu.com","_blank");
}
```

（6）创建"联系我们"按钮的邮件链接。方法：将文本"联系我们"转换为"联系我们"按钮，然后选择舞台中的"联系我们"按钮，在"动作"面板中设置动作脚本。

```
on(release) {
    getURL("mailto:zfsucceed@163.com");
}
```

（7）执行菜单栏中的"文件|发布预览|HTML"命令，打开浏览器，即可测试单击"教学课堂""使用帮助"后跳转到链接网站，单击"联系我们"按钮后启动Outlook Express的效果。

6.5　声音的控制

在"5.2 应用声音效果"中，讲解了导入声音的方法，本节将讲解控制声音的方法。下面通过一个实例来具体讲解利用语言脚本来控制声音的方法，具体操作步骤如下：

（1）打开配套光盘中的"素材及结果\6.5 声音的控制\声音的控制-素材.fla"文件。

（2）执行菜单栏中的"控制｜测试影片|测试"（快捷键〈Ctrl+Enter〉）命令，此时可以看到音乐和动画同时播放的效果。

（3）回到动画编辑文件，选中"音乐"层，然后在属性面板中设置"同步"为"事件"，如图6-22所示。

图6-22　设置声音属性

（4）新建"按钮"层，执行菜单栏中的"窗口|公用库|按钮"命令，打开按钮库，如图6-23所示。然后从中选择两个按钮拖入舞台，并将按钮中的文字更改为"播放"和"停止"，如图6-24所示。

图6-23　打开按钮库　　　　　　图6-24　创建"播放"和"停止"两个按钮

（5）设置"播放"按钮的动作。方法：右击舞台中的"播放"按钮，从弹出的快捷菜单中选择"动作"命令，然后在弹出的"动作"面板中设置动作脚本。

```
on(release) {
    play( )
}
```

（6）设置"停止"按钮的动作。方法：右击舞台中的"停止"按钮，从弹出的快捷菜单中选择"动作"命令，然后在弹出的"动作"面板中设置动作脚本。

```
on(release) {
    stop( )
}
```

（7）执行菜单栏中的"控制|测试影片|测试"（快捷键〈Ctrl+Enter〉）命令，即可测试单击"停止"按钮后动画停止播放，单击"播放"按钮后动画继续播放，而背景音乐始终播放的效果。

（8）制作单击"停止"按钮后音乐停止播放的效果。方法：选中"音乐"层，在"属性"面板中设置"同步"为"数据流"，如图6-25所示。然后，右击舞台中的"停止"按钮，从弹出的快捷菜单中执行"动作"命令，在弹出的"动作"面板中重新设置动作脚本。

```
on(release) {
    stopAllSounds( )
}
```

 提示

　　刚才将声音设置为"事件"后，声音是独立于时间轴播放的，我们无法用"时间轴控制"类的脚本语句去控制声音的播放与停止。而将声音设置为"数据流"后，声音是与动画同步的，可以用播放和停止语句去控制声音的播放与停止。

（9）执行菜单栏中的"控制|测试影片|测试"（快捷键〈Ctrl+Enter〉）命令，即可测试单击"停止"按钮后音乐停止播放的效果。

图6-25 设置声音属性

6.6 实例讲解

本节将通过5个实例来对Flash CS6交互动画方面的相关知识进行具体应用，旨在帮助读者快速掌握Flash CS6交互动画方面的相关知识。

6.6.1 制作鼠标跟随效果

要点

本例将制作鼠标跟随效果，如图 6-26 所示。通过本例的学习，读者应掌握 stop、on(rollOver) 和 gotoAndPlay 等常用语句的应用。

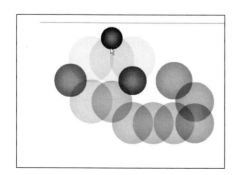
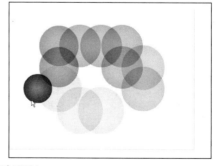

图6-26 鼠标跟随

👨‍🎓 **操作步骤**

1. 创建图形元件

（1）启动Flash CS6软件，新建一个Flash文件（ActionScript 2.0）。按快捷键〈Ctrl+F8〉，在弹出的"创建新元件"对话框中设置参数，如图6-27所示，然后单击"确定"按钮，进入"元件1"的编辑模式。

（2）选择工具箱中的 ◎（椭圆工具），设置填充色为黑-绿放射状渐变色，笔触颜色为 ☑，然后配合键盘上的〈Shift〉键，绘制一个正圆形，并中心对齐，如图6-28所示。

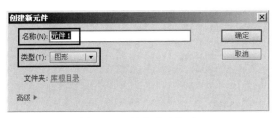

图6-27　创建"元件1"　　　　　　图6-28　绘制正圆形

2. 创建按钮元件

（1）按快捷键〈Ctrl+F8〉，在弹出的"创建新元件"对话框中设置参数，如图6-29所示，然后单击"确定"按钮，进入"元件2"的编辑模式。

（2）在时间轴的"点击"帧处按快捷键〈F7〉，插入空白关键帧，然后从库中将"元件1"拖到"点击"帧中，并中心对齐，如图6-30所示。

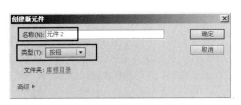

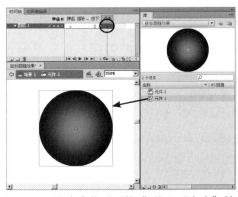

图6-29　创建"元件2"　　　　图6-30　从库中将"元件1"拖入"点击"帧

 提示

这样做的目的是为了让鼠标敏感区域与图形元件等大。

3. 创建影片剪辑元件

（1）按快捷键〈Ctrl+F8〉，在弹出的"创建新元件"对话框中设置参数，如图6-31所示。然后，单击"确定"按钮，进入"元件3"的编辑模式。

（2）单击第1帧，从库中将"元件2"拖入工作区，并中心对齐。

（3）单击第2帧，按快捷键〈F7〉，插入空白关键帧，然后从库中将"元件1"拖入工作区并中心对齐。接着，在第15帧按快捷键〈F6〉，插入关键帧，用工具箱中的  （任意变形工具）将其放大，并在"属性"面板中将其Alpha值设为0%，如图6-32所示。

图6-31　创建"元件3"　　　　图6-32　设置第15帧中"元件1"的Alpha值为0%

（4）右击"图层1"的第2帧，从弹出的快捷菜单中执行"创建传统补间"命令，此时，时间轴分布如图6-33所示。

图6-33　时间轴分布

 提示

在第2帧到第15帧之间会形成小球从小变大并逐渐消失的效果。

（5）单击时间轴的第1帧，然后在"动作"面板中输入：

```
stop();
```

 提示

这段语句用于控制动画不自动播放。

（6）选中第1帧中的按钮元件，然后在"动作"面板中输入：

```
on(rollOver) {
    gotoAndPlay(2);
}
```

提示

这段语句用于控制当鼠标划过的时候开始播放时间轴的第2帧，即小球从小变大并逐渐消失的效果。

4. 合成场景

（1）单击 场景1 ，回到"场景1"，从库中将"元件3"拖入场景，然后复制"元件3"，并利用"对齐"将它们进行对齐，结果如图6-9所示。

（2）按快捷键〈Ctrl+Enter〉打开播放器，即可测试效果。

6.6.2 制作前浮式导航条效果

 要点

本例将制作一个前浮式导航条。当鼠标经过相应导航按钮时，该导航按钮会出现放大效果，如图6-34所示。通过学习本例，读者应掌握调整动画播放速度、图形元件、按钮元件、影片剪辑元件和动作的综合应用。

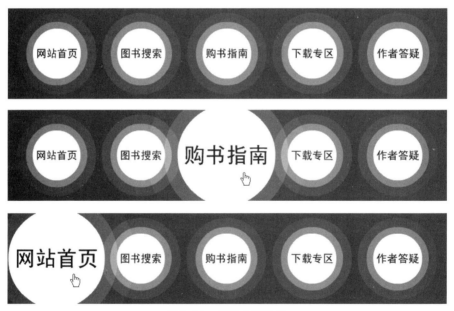

图6-34 前浮式导航条

 操作步骤

1. 制作背景

（1）执行菜单栏中的"文件|打开"命令，打开配套光盘中的"素材及结果\6.6.2 制作前浮式导航条效果\源文件.fla"文件。

（2）修改文档大小和颜色。方法：执行菜单栏中的"修改|文档"（快捷键〈Ctrl+J〉）命令，在弹出的"文档设置"对话框中设置"尺寸"为750像素×150像素，"背景颜色"为黑色（见图6-35），然后单击"确定"按钮。

（3）创建渐变背景。方法：利用工具箱中的 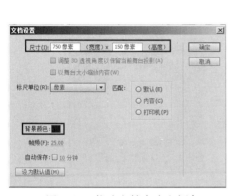（矩形工具）在工作区中绘制一个笔触颜色为无色，填充色为红-蓝径向渐变（见图6-36），大小为750像素×150像素的矩形。然后利用"对齐"面板将其中心对齐，效果如图6-37所示。

图6-35 修改文档大小和颜色

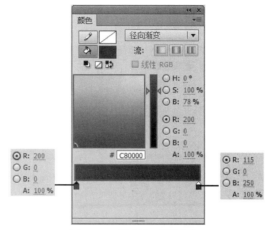

图6-36 设置矩形渐变色

（4）将"图层1"重命名为"背景"，然后右击第5帧，从弹出的快捷菜单中选择"插入帧"（快捷键〈F5〉）命令，插入一个普通帧，此时时间轴分布如图6-38所示。

图6-37 绘制矩形

图6-38 时间轴分布

2. 创建"圆"图形元件

（1）执行菜单中的"插入|新建元件"（快捷键〈Ctrl+F8〉）命令，然后在弹出的"创建新元件"对话框中进行如图6-39所示的设置，单击"确定"按钮，进入"圆"图形元件的编辑状态。

图6-39 新建"圆"图形元件

（2）利用工具箱中的 （椭圆工具）在"圆"图形元件中绘制一个笔触颜色为无色、填充色为白色（RGB（255，255，255））、Alpha为10%、大小为180像素×180像素的正圆形，如图6-40所示。

（3）同理，再分别绘制一个笔触颜色为无色、填充色为白色（RGB（255，255，255））、Alpha为25%、大小为140像素×140像素的正圆形和一个笔触颜色为无色、填充色为白色（RGB（255，255，255））、Alpha为100%、大小为110像素×110像素的正圆形。

（4）利用工具箱中的 ▶ （选择工具）同时选中3个正圆形，然后利用"对齐"面板将它们中心对齐，结果如图6-41所示。

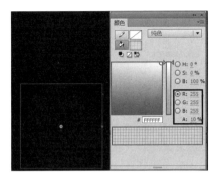

图6-40　绘制正圆形

图6-41　将3个圆形中心对齐的效果

3. 创建"菜单1"影片剪辑元件

（1）执行菜单栏中的"插入|新建元件"（快捷键〈Ctrl+F8〉）命令，在弹出的"创建新元件"对话框中进行如图6-42所示的设置，单击"确定"按钮，进入"菜单1"影片剪辑元件的编辑状态。

（2）将"图层1"重命名为"圆"，然后从库中将"圆"图形元件拖入工作区，并中心对齐。

图6-42　新建"菜单1"影片剪辑元件

（3）新建"文本"层，选择工具箱中的 T. （文本工具），在"属性"面板中设置"字符"的"系列"为"黑体"，"大小"为"18"，"颜色"为黑色，如图6-43所示。然后在工作区的下方单击鼠标，输入文字"网站首页"。接着，打开"对齐"面板，勾选"与舞台对齐"选项，再单击 ♣ （水平中齐）和 ♣ （垂直中齐）按钮，将文字中心对齐，效果如图6-44所示。

图6-43　设置"文本"属性

图6-44　将文字中心对齐的效果

（4）新建"按钮"层，按快捷键〈Ctrl+F8〉，新建一个"按钮"元件，接着在"按钮"元件的时间轴的"按下"状态按快捷键〈F7〉，插入一个空白关键帧，然后利用工具箱中的 ▢（矩形工具）绘制一个笔触颜色为无色，填充色为黄色，大小为85像素×85像素的矩形。最后，利用"对齐"面板将黄色矩形中心对齐，如图6-45所示。

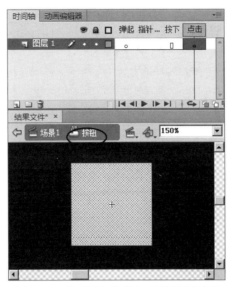

图6-45 在"按钮"按钮元件绘制矩形

（5）在库中双击"菜单1"影片剪辑元件，回到"菜单1"影片剪辑元件的编辑状态。然后，从库中将"按钮"按钮元件拖入"按钮"层，并利用"对齐"面板将其中心对齐，效果如图6-46所示。

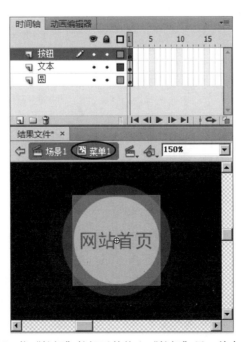

图6-46 将"按钮"按钮元件拖入"按钮"层，并中心对齐

（6）在按钮上添加动作。方法：右击工作区中的"按钮"按钮元件，从弹出的快捷菜单中执行"动作"命令。然后，在弹出的"动作"面板中输入语句：

```
on(rollOver) {
    if(/:ZSorting eq "Deactivated") {
        /:recentM=getProperty(_target,_name);
        /:Zorder=Number(/:Zorder)+1;
        duplicateMovieClip("/" add /:recentM,/:recentM add
            "temp", /:Zorder);
        set("/" add /:recentM add "temp:mynumber",eval("/" add
            /:recentM add ":mynumber"));
        /:Zsorting="Activated";
        set("/" add /:recentM add "temp:growth",50);
        set("/" add /:recentM add "temp:switch",1);
        removeMovieClip("/" add /:recentM);
    }
}
on(releaseOutside,rollOut) {
    /:Zorder=Number(/:Zorder)+1;
    duplicateMovieClip("/" add /:recentM add "temp", /:recentM,
        /:Zorder);
    set("/" add /:recentM add ":mynumber", eval("/" add /:recentM
        add "temp:mynumber"));
    /:ZSorting="Deactivated";
    removeMovieClip("/" add /:recentM add "temp");
    set("/" add /:recentM add ":growth", 50);
    set("/" add /:recentM add ":switch", 0);
    /:recentM=0;
    stopDrag();
}
on(release) {
    getURL("#");
}
```

4. 创建"菜单2"~"菜单5"影片剪辑元件

（1）创建"菜单2"影片剪辑元件。方法：在库中右击"菜单1"影片剪辑元件，从弹出的快捷菜单中执行"直接复制"命令，然后在弹出的"直接复制元件"对话框中修改"名称"为"菜单2"（见图6-47），单击"确定"按钮。

（2）在库中双击"菜单2"影片剪辑元件，进入其编辑状态。为了便于操作，锁定"按钮"层，然后利用 T.（文本工具）选择文字，并将文字修改为"图书搜索"，如图6-48所示。

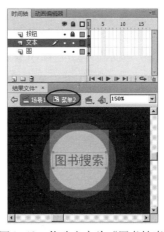

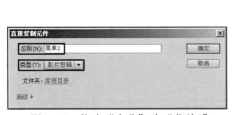

图6-47 修改"名称"为"菜单2"　　　　图6-48 修改文字为"图书搜索"

（3）同理，分别创建"菜单3"～"菜单5"影片剪辑元件，然后将文字分别修改为"购书指南""下载专区"和"作者答疑"，如图6-49所示。

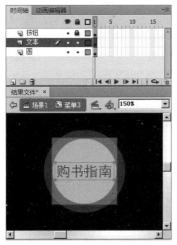

（a）"菜单3"影片剪辑元件

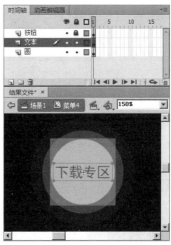

（b）"菜单4"影片剪辑元件

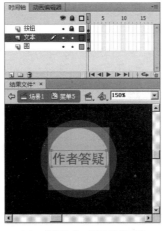

（c）"菜单5"影片剪辑元件

图6-49 创建"菜单3"～"菜单5"影片剪辑元件

5. 制作前浮式导航条

（1）单击 场景1 按钮，回到"场景1"。

（2）新建"菜单"层，从库中分别将"菜单1"～"菜单5"影片剪辑元件拖入工作区，然后利用"对齐"面板将它们进行垂直居中对齐和水平分布间距，效果如图6-50所示。

图6-50　对齐"菜单1"～"菜单5"影片剪辑元件后的效果

（3）在"属性"面板中分别将"菜单1"～"菜单5"影片剪辑元件的实例名命名为"m1"～"m5"。

（4）在"菜单"层上方新建"动作"层，右击"动作"层，从弹出的快捷菜单中执行"动作"命令。然后，在弹出的"动作"面板中输入语句：

```
fscommand("fullscreen","false");
fscommand("allowscale","false");
/:Zsorting="Deactivated";
counter=0;
/:numclips=12;
while(Number(counter)<Number(/:numclips)) {
    counter=Number(counter)+1;
    duplicateMovieClip("/M" add counter,"NM" add counter,counter);
    set("/NM" add counter add ":mynumber",counter);
}
/:Zorder=Number(/:numclips)+1;
```

（5）在"动作"层的上方新建"剪辑"层，然后从库中将源文件中自带的"剪辑"影片剪辑元件拖入工作区，并放置在文档的左上方，如图6-51所示。

（6）至此，前浮式导航条大体制作完毕，下面执行菜单栏中的"控制|测试影片"（快捷键〈Ctrl+Enter〉）命令，测试动画效果，会发现导航按钮之间出现如图6-52所示的关联错误。

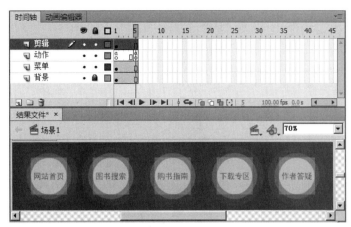

图6-51 "剪辑"影片剪辑元件拖入工作区，并放置在文档的左上方

图6-52 按钮之间出现的关联错误

（7）解决导航按钮关联的问题。方法：选择"动作"层，并在第5帧按快捷键〈F7〉，插入一个空白关键帧，然后右击第5帧，从弹出的"动作"面板中输入语句：

```
stop( );
```

下面执行菜单栏中的"控制|测试影片|测试"（快捷键〈Ctrl+Enter〉）命令，重新测试动画效果，此时导航按钮之间的关联问题就解决了，效果如图6-53所示。

图6-53 正常的导航按钮

（8）细心的读者会发现，此时当鼠标放置到相应导航按钮上时，导航按钮放大过程有些迟钝，下面就来解决这个问题。方法：执行菜单栏中的"修改|文档"命令，在弹出的"文档设置"对话框中将"帧频"由原来的"25"改为"100"（见图6-54），单击"确定"按钮即可。

（9）至此，前浮式导航条完全制作完毕。下面执行菜单栏中的"控制|测试影片"（快捷键〈Ctrl+Enter〉）命令，即可测试到当鼠标经过相应导航按钮时，该导航按钮会出现放大的效果。

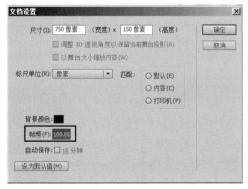

图6-54 将"帧频"由原来的"25"改为"100"

6.6.3　制作过渡载入动画效果

要点

本例将制作一个由灰色图片逐渐过渡为红色图片，并在下方显示进度百分比，当完全过渡到红色图片，动态进度显示为100后，会自动跳转到相关页面的效果，如图6-55所示。通过学习本例，读者掌握根据简单载入条动画制作出过渡载入动画的方法。

图6-55　过渡载入动画效果

操作步骤

1. 制作由灰色图片逐渐过渡为红色图片的效果

（1）启动Flash CS6软件，执行菜单栏中的"文件｜打开"命令，打开配套光盘中的"素材及结果\6.6.3 制作过渡载入动画效果\过渡载入动画效果-素材．fla"文件。

（2）删除多余图层。方法：同时选中border和loading层，如图6-56所示，单击时间轴下方的 （删除图层）按钮进行删除，结果如图6-57所示。

图6-56　选中要删除的图层

图6-57　删除多余图层

（3）导入图片。方法：执行菜单栏中的"文件|导入|导入到库"命令，导入配套光盘中的"素材及结果\6.6.3 制作过渡载入动画效果\素材图.bmp"文件。

（4）执行菜单栏中的"插入|新建元件"（快捷键〈Ctrl+F8〉）命令，在弹出的"创建新元件"对话框中设置参数，如图6-58所示，然后单击"确定"按钮，进入pic元件的编辑模式。最后，从库中将"素材图.bmp"拖入舞台，并中心对齐，如图6-59所示。

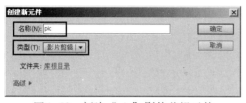

图6-58 新建"pic"影片剪辑元件　　　图6-59 将"素材图.bmp"拖入舞台并中心对齐

（5）单击 按钮，回到c1场景。然后新建pic1层，从库中将pic元件拖入舞台并中心对齐。接着，选择舞台中的pic元件，按快捷键〈Ctrl+C〉进行复制，再新建pic2层，按快捷键〈Ctrl+Shift+V〉进行原地粘贴。最后，在属性面板中设置色彩效果的样式为"高级"，如图6-60所示。单击"确定"按钮，结果如图6-61所示。

图6-60 设置色彩效果的样式　　　图6-61 调色后的效果

提示

为便于观看效果，此时，可以将舞台中pmv元件的Alpha值设为0%。

（6）为便于精确定位pmv与图片的位置关系，下面将舞台中pmv元件的Alpha值设为65%，并调整其大小，使其能够完全遮住pic图片，如图6-62所示。

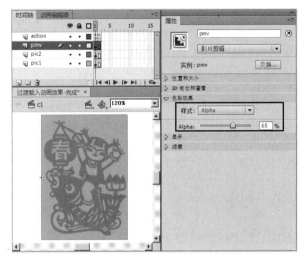

图6-62　调整作为遮罩的pmv元件的大小和位置

（7）右击pmv层，从弹出的快捷菜单中执行"遮罩层"命令，此时，时间轴分布如图6-63所示。然后，按键盘上的〈Ctrl+Enter〉组合键播放动画，可以看到由灰色图片逐渐过渡为红色图片（见图6-64），并且当图片全部变为红色后跳转到c2场景的效果。

图6-63　时间轴分布

图6-64　由灰色图片逐渐过渡为红色图片效果

（8）由于对遮罩的大小进行了调整，由原来的300像素改为了150像素。为了保证图片完全变为红色后正好跳转到c2场景，下面右击action层的第1帧，从弹出的快捷菜单中执行"动作"命令，然后在动作面板中将最后一句脚本语言中的300*percent改为150*percent。此时，完整的脚本语句为：

```
var percent;
percent=getBytesLoaded()/getBytesTotal();
if(percent==1)
{
    gotoAndPlay("c2",1);
}
else
{
    this.pmv._width=150*percent;
}
```

2. 制作动态进度显示效果

（1）新建text层，然后利用工具箱中的 **T**（文本工具）在舞台中创建一个文本区域，并在属性面板中将文本定义为"动态文本"，名称为tt，如图6-65所示。

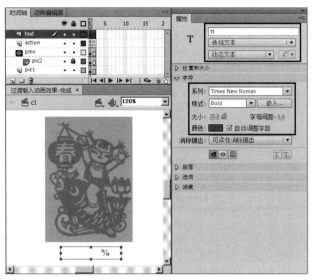

图6-65 将文本定义为"动态文本"

（2）右击action层的第1帧，从弹出的快捷菜单中执行"动作"命令，然后在动作面板中脚本的最后添加以下一行脚本：

```
this.tt.text=int(percent*100);
```

（3）至此，整个动画制作完毕。此时，action层第1帧的完整脚本为：

```
var percent;
percent=getBytesLoaded( )/getBytesTotal( );
if(percent==1)
{
    gotoAndPlay("c2",1);
}
else
{
    this.pmv._width=150*percent;
    this.tt.text=int(percent*100);
}
```

 提示

为了美观，可以利用的 **T**（文本工具）在动态文本框后面输入静态文本类型的%。

（4）按快捷键〈Ctrl+Enter〉打开播放器，然后执行菜单栏中的"视图 | 模拟下载"命令，即可看到由灰色图片逐渐过渡为红色图片，并在下方显示进度百分比，当完全过渡到红色图

片，动态进度显示为100后，会自动跳转到相关页面。

6.6.4　制作由按钮控制滑动定位的图片效果

要点

本例将制作由按钮控制滑动定位的图片效果，如图6-66所示。通过学习本例，读者应掌握this 和 _root 语句的区别，以及 var、new Array（）和 onClipEvent（enterFrame）语句的综合应用。

图6-66　由按钮控制滑动定位的图片效果

操作步骤

1. 自动滑动定位的图片效果

（1）启动Flash CS6软件，新建一个Flash文件（ActionScript 2.0）。

（2）导入素材图片。方法：执行菜单栏中的"文件|导入|导入到库"命令，导入配套光盘中的"素材及结果\ 6.6.4制作由按钮控制滑动定位的图片效果 \ image1.jpg、image2.jpg、image3.jpg和image4.jpg"图片，此时，在"库"面板中即可看到导入的素材图片，如图6-67所示。

（3）创建pic1影片剪辑元件。方法：按快捷键〈Ctrl+F8〉，新建pic1影片剪辑元件。然后从库中将image1.jpg拖入舞台，并在"对齐"面板中选中"与舞台对齐"复选框，再单击 📇（左对齐）和 📲（垂直中齐）按钮，结果如图6-68所示。

图6-67　"库"面板

图6-68　pic1影片剪辑元件

（4）同理，分别创建pic 2～pic4影片剪辑元件，然后从"库"面板中将image2.jpg～image4.jpg图片拖入，并左对齐和垂直中齐，如图6-69所示。此时，"库"面板如图6-70所示。

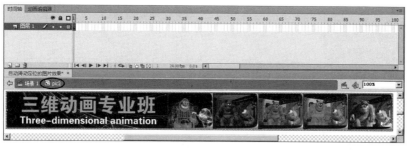

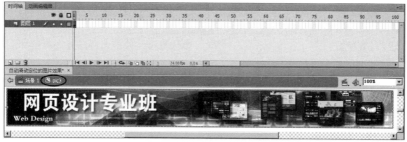

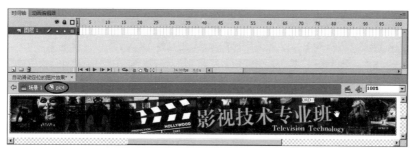

图6-69　创建pic2～pic4影片剪辑元件

图6-70　"库"面板

（5）创建picAll影片剪辑元件。方法：按快捷键〈Ctrl+F8〉，新建picAll影片剪辑元件。然后，将库中的pic1影片剪辑元件拖入舞台，并利用"对齐"面板将其左对齐和上对齐（见图6-71），结果如图6-72所示。

图6-71　设置对齐参数　　　　　图6-72　将pic1影片剪辑元件拖入舞台并左对齐和上对齐

（6）从库中分别将pic2~pic4影片剪辑元件拖入舞台并前后相接，如图6-73所示。

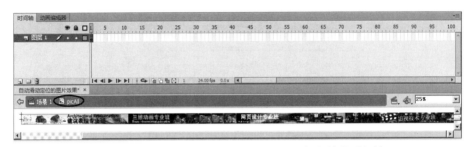

图6-73　将pic 2~pic4影片剪辑元件拖入舞台并前后相接

（7）调整文档尺寸与单张图片等大。方法：在库面板中右击image1.jpg，从弹出的快捷菜单中执行"属性"命令，此时，可以看到其大小为960像素×90像素（见图6-74）。然后，单击 场景1 按钮，回到"场景1"，执行菜单中的"修改|文档"命令，在弹出的对话框中设置参数（见图6-75），单击"确定"按钮。接着，从库中将picAll影片剪辑元件拖入舞台，并左对齐和上对齐。

图6-74　查看图片大小　　　　　　　图6-75　设置文档尺寸

（8）将"图层1"重命名为"图片"，然后新建action层。接着右击第1帧，从弹出的快捷菜单中执行"动作"命令，在弹出的"动作"面板中输入语句：

```
var n;
var xpos=new Array (0,-960,-1920,-2880);
```

 提示

    new Array为获得0、-960、-1920、-2880四个数值的数组。

此时,时间轴分布如图6-76所示。

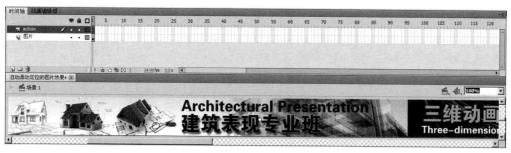

图6-76 时间轴分布

(9) 右击舞台中的picAll元件,在弹出的快捷菜单中选择"动作"命令,然后在弹出的"动作"面板中输入语句:

```
onClipEvent(enterFrame) {
    this._x+= (_root.xpos[_root.n]-this._x)/;
}
```

 提示

    enterFrame语句的作用是重复执行命令;this._x+= (_root.xpos[_root.n]-this._x)/3语句的作用是控制图片移动的速度。

(10) 制作4张图片滑动定位效果。方法:新建"控制"影片剪辑元件,然后右击时间轴的第1帧,从弹出的快捷菜单中执行"动作"命令,在弹出的"动作"面板中输入语句。

`_root.n=0;`

(11) 在第60帧按快捷键〈F7〉,插入空白关键帧,然后在"动作"面板中输入语句:

`_root.n=1;`

(12) 同理,在第120帧按快捷键〈F7〉,插入空白关键帧,然后在"动作"面板中输入语句:

`_root.n=2;`

(13) 同理,在第180帧按快捷键〈F7〉,插入空白关键帧,然后在"动作"面板中输入语句:

`_root.n=3;`

 提示

    分别在第60帧、第120帧、第180帧设置动作是为了让图片每隔60帧自动滑动一次。

(14) 最后在第240帧按快捷键〈F5〉,插入普通帧,此时,时间轴分布如图6-77所示。

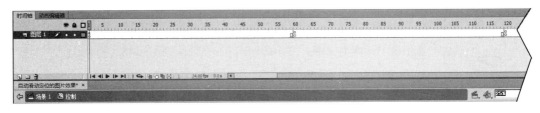

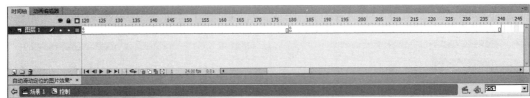

图6-77　时间轴分布

（15）单击 场景1 按钮，回到"场景1"，然后新建"控制"层，从库中将"控制"影片剪辑元件拖入舞台。

（16）至此，自动滑动定位的图片效果制作完毕。执行菜单栏中的"控制|测试影片|测试"（快捷键〈Ctrl+Enter〉）命令，打开播放器窗口，即可看到效果。

2．制作由按钮控制滑动定位的图片效果

（1）创建button按钮元件。方法：按快捷键〈Ctrl+F8〉，在弹出的"创建新元件"对话框中设置参数（见图6-78），单击"确定"按钮。为了便于查看效果，将背景色改为黑色，然后利用工具箱中的 ◎ （椭圆工具）绘制一个宽高均为15像素的圆形，并中心对齐，如图6-79所示。接着，在时间轴的"点击"帧中按快捷键〈F5〉，插入普通帧。此时，时间轴分布如图6-80所示。

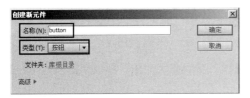

图6-78　创建button按钮元件

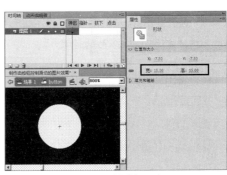

图6-79　绘制圆形

图6-80　时间轴分布

（2）在库中双击"控制"影片剪辑元件，进入其编辑模式。然后新建"图层2"，从库中将button元件拖入舞台，并复制3个。然后，同时选中4个按钮，在"对齐"面板中单击▥（水平平均间隔）按钮，使它们水平等距分布，效果如图6-81所示。

图6-81 创建button按钮元件

（3）制作按钮上的文字。方法：新建"图层3"，然后利用工具箱中的⊤.（文本工具）分别在按钮上输入01、02、03和04，如图6-82所示。接着，分别在"图层3"的第60帧、第120帧和第180帧按快捷键〈F6〉，插入关键帧。最后，分别将第1帧文字01的颜色改为红色，将第60帧文字02的颜色改为红色，将第120帧文字03的颜色改为红色，将第180帧文字04的颜色改为红色，如图6-83所示。

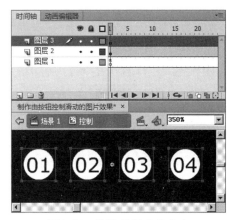

图6-82 制作按钮上的文字

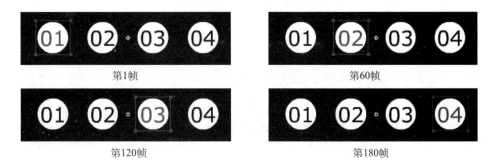

图6-83 分别在不同帧改变文字的颜色

（4）输入由按钮控制图片滑动定位的语句。方法：右击舞台中最左侧文字01下的按钮，从弹出的快捷菜单中执行"动作"命令，然后在弹出的"动作"面板中输入以下语句。

```
on (release) {
    gotoAndPlay (1);
}
```

同理，右击文字02下的按钮，从弹出的快捷菜单中执行"动作"命令，然后在弹出的"动作"面板中输入以下语句：

```
on (release) {
    gotoAndPlay (60);
}
```

同理，右击文字03下的按钮，从弹出的快捷菜单中执行"动作"命令，然后在弹出的"动作"面板中输入以下语句：

```
on (release) {
    gotoAndPlay (120);
}
```

同理，右击文字04下的按钮，从弹出的快捷菜单中执行"动作"命令，然后在弹出的"动作"面板中输入以下语句：

```
on (release) {
    gotoAndPlay (180);
}
```

此时，时间轴分布如图6-84所示。

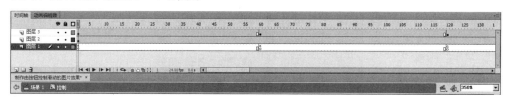

图6-84　时间轴分布

（5）单击 场景1 按钮，回到"场景1"，然后将"控制"元件移动到舞台右下方，如图6-85所示。

图6-85　将"控制"元件移动到舞台右下方

（6）至此，由按钮控制滑动定位的图片效果制作完毕。下面执行菜单栏中的"控制|测试影片|测试"（快捷键〈Ctrl+Enter〉）命令，打开播放器窗口，即可测试当单击不同按钮会滑动不同图片的效果。

课 后 练 习

1．填空题

(1)"动作"面板由＿＿＿＿＿＿、＿＿＿＿＿＿和＿＿＿＿＿＿3部分组成。

(2)动作脚本中的变量包含＿＿＿＿＿＿、＿＿＿＿＿＿和＿＿＿＿＿＿3种类型。

2．选择题

(1)下列＿＿＿＿＿＿属于动作脚本中的数据类型。

  A．原始数据　　　B．函数数据　　　C．引用数据　　　D．变量数据

(2)下列＿＿＿＿＿＿属于运算符的种类。

  A．位运算符　　　B．字符串运算符　　　C．逻辑运算符　　　D．数值运算符

3．问答题

(1)简述动作脚本的语法规则。

(2)简述创建链接的方法。

4．操作题

(1)练习1：制作如图6-86所示的变色的汽车效果。

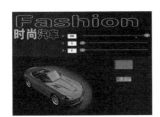

图6-86　变色的汽车效果

(2)练习2：制作如图6-87所示的展开式导航条效果。

图6-87　展开式导航条

第7章
组件与行为

本章重点

在Flash CS6中，系统预先设定了组件、行为等功能来协助用户制作动画，以提高工作效率。本章主要讲解组件、行为的分类以及使用方法。通过本章学习，读者应掌握组件和行为的相关操作。

本章内容包括：

■组件；

■行为。

7.1 组 件

组件是一些复杂的带有可定义参数的影片剪辑符号。一个组件就是一段影片剪辑，其所带的参数由用户在创建Flash影片时进行设置，其中的动作脚本API供用户在运行时自定义组件。组件旨在让开发人员重用和共享代码，封装复杂功能，让用户在没有"动作脚本"时也能使用和自定义这些功能。

7.1.1 设置组件

执行菜单栏中的"窗口|组件"命令，打开"组件"面板，如图7-1所示。Flash CS6的"组件"面板中包含Media、User Interface和Video 3类组件。其中，Media组件用于创建媒体组件；User Interface组件用于创建界面；Video组件用于控制视频播放。

用户可以在"组件"面板中选择要使用的组件（见图7-2），然后将其直接拖到舞台中。接着，在舞台中选中组件（见图7-3），在图7-4所示的"属性"面板中可以对其参数进行相应的设置。

图7-1 "组件"面板　　图7-2 选择要使用的组件　　图7-3 选择舞台中的组件　　图7-4 "属性"面板

7.1.2 组件的分类与应用

下面主要介绍几种典型组件的参数设置与应用。

1. Button组件

Button组件为一个按钮，如图7-5所示。使用按钮可以实现表单提交以及执行某些相关的行为动作。在舞台中添加Button组件后，可以通过"属性"面板设置Button组件的相关参数，如图7-6所示。该面板的主要参数含义如下：

Button

图7-5　Button组件　　　　　　　图7-6　Button组件的"属性"面板

■ label：用于设置按钮上文本的值。

■ labelPlacement：用于设置按钮上的文本在按钮图标内的方向。该参数可以是下列4个值之一，即left、right、top或bottom，默认为right。

■ selected：该参数指定按钮是处于按下状态（true）还是释放状态（false），默认值为false。

■ toggle：将按钮转变为切换开关。如果值为true，则按钮在单击后保持按下状态，并在再次单击时返回到弹起状态；如果值为false，则按钮行为与一般按钮相同，默认值为false。

2. CheckBox组件

CheckBox组件为多选按钮组件，如图7-7所示。使用该组件可以在一组多选按钮中选择多个选项。在舞台中添加CheckBox组件后，可以通过"属性"面板设置CheckBox组件的相关参数，如图7-8所示。该面板的参数含义如下：

■ label：用于设置多选按钮右侧文本的值。

■ labelPlacement：用于设置按钮上的文本在按钮图标内的方向。该参数可以是下列4个值之一，即left、right、top或bottom，默认为right。

■ selected：用于设置多选按钮的初始值为被选中或取消选中。被选中的多选按钮会显示一个对勾，其参数值为true。如果将其参数值设置为false，表示会取消选择多选按钮。

图7-7　CheckBox组件　　　　　　　　　图7-8　CheckBox组件的"属性"面板

3．ComboBox组件

ComboBox组件为下拉列表的形式，如图7-9所示。用户可以在弹出的下拉列表中选择其中一项。在舞台中添加ComboBox组件后，可以通过"属性"面板设置ComboBox组件的相关参数，如图7-10所示。该面板的主要参数含义如下：

图7-9　ComboBox组件　　　　　　　　图7-10　ComboBox组件的"属性"面板

- data：用于设置下拉列表当中显示的内容，以及传送的数据。
- editable：用于设置下拉菜单中显示的内容是否为编辑的状态。
- restrict：用于设置对ComboBox组件开始显示时的初始内容。
- rowCount：用于设置下拉列表中可显示的最大行数。

4．RadioButton组件

RadioButton组件为单选按钮组件，可以供用户从一组单选按钮选项中选择一个选项，如图7-11所示。在舞台中添加RadioButton组件后，可以通过"属性"面板设置RadioButton组件的相关参数，如图7-12所示。该面板的主要参数含义如下：

图7-11　RadioButton组件　　　　　图7-12　RadioButton组件的"属性"面板

■ groupName：单击按钮的组名称，一组单选按钮有一个统一的名称。

■ label：用于设置单选按钮上的文本内容。

■ labelPlacement：用于确定按钮上标签文本的方向。该参数可以是下列4个值之一，即left、right、top或bottom，其默认值为right。

■ selected：用于设置单选按钮的初始值为被选中或取消选中。被选中的单选按钮中会显示一个圆点，其参数值为true，一个组内只有一个单选按钮可以有被选中的值true。如果将其参数值设置为false，表示取消选择单选按钮。

5. ScrollPane组件

ScrollPane组件用于设置一个可滚动的区域来显示JPEG、GIF与PNG文件以及SWF文件，如图7-13所示。在舞台中添加ScrollPane组件后，可以通过"属性"面板设置ScrollPane组件的相关参数，如图7-14所示。该面板的主要参数含义如下：

图7-13　ScrollPane组件　　　　　图7-14　ScrollPane组件的"属性"面板

■hLineScrollSize：当显示水平滚动条时，单击水平方向上的滚动条水平移动的数量。其单位为像素，默认值为4。

■hPageScrollSize：用于设置按滚动条时水平滚动条上滚动滑块要移动的像素数。当该值为0时，该属性检索组件的可用宽度。

■hScrollPolicy：用于设置水平滚动条是否始终打开。

■scrollDrag：用于设置当用户在滚动窗格中拖动内容时，是否发生滚动。

■vLineScrollSize：当显示垂直滚动条时，单击滚动箭头要在垂直方向上滚动多少像素。其单位为像素，默认值为4。

■vPageScrollSize：用于设置按滚动条时垂直滚动条上滚动滑块要移动的像素数。当该值为0时，该属性检索组件的可用高度。

■vScrollPolicy：用于设置垂直滚动条是否始终打开。

7.2　行　　为

用户除了可以使用组件应用自定义的动作脚本外，还可以利用行为来控制文档中的影片剪辑和图形实例。行为是程序员预先编写好的动作脚本，用户可以根据自身需要灵活运用这些脚本代码。

执行菜单栏中的"窗口|行为"命令，打开"行为"面板，如图7-15所示。

■添加行为：单击该按钮，弹出如图7-16所示的下拉菜单，可以从中选择所要添加的具体行为。

图7-15　"行为"面板

图7-16　"添加行为"下拉菜单

■删除行为：单击该按钮，可以将选中的行为删除。

■上移：单击该按钮，可以将选中的行为位置向上移动。

■下移：单击该按钮，可以将选中的行为位置向下移动。

下面主要介绍几种典型行为的应用。

1. Web行为

使用Web行为可以实现使用GetURL语句跳转到其他Web页。在"行为"面板中单击 （添加行为）按钮，在弹出的下拉菜单中选择Web，则会弹出Web的行为菜单，如图7-16所示。选择"转到Web页"命令后会弹出"转到URL"对话框，如图7-17所示。

■URL：用于设置跳转的Web页的URL。

图7-17　"转到URL"对话框

■打开方式：用于设置打开页面的目标窗口，其下拉列表有"_blank""_parent""_self"和"_top"4个选项可供选择。如果选择"_blank"，则会将链接的文件载入一个未命名的新浏览器窗口中；如果选择"_parent"，则会将链接的文件载入含有该链接框架的父框架集或父窗口中，此时如果含有该链接的框架不是嵌套的，则在浏览器全屏窗口中载入链接的文件；如果选择"_self"，则会将链接的文件载入该链接所在的同一框架或窗口中，该选项为默认值，因此通常不需要指定它；如果选择"_top"，则会在整个浏览器窗口中载入所链接的文件，因而会删除所有框架。

2."声音"行为

控制声音的行为比较容易理解。利用它们可以实现播放、停止声音以及加载外部声音、从"库"面板中加载声音等功能。

单击"行为"面板中 （添加行为）按钮，在弹出的下拉菜单中选择"声音"，此时会弹出声音的行为菜单，如图7-18所示。

■从库加载声音：从"库"面板中载入声音文件。

■停止声音：停止播放声音。

■停止所有声音：停止所有播放声音。

■加载MP3流文件：以流的方式载入MP3声音文件。

■播放声音：播放声音文件。

3."影片剪辑"行为

在"行为"面板中，有一类行为是专门用来控制影片剪辑元件的。这类行为种类比较多，利用它们可以改变影片剪辑元件叠放层次以及加载、卸载、播放、停止、复制或拖动影片剪辑等功能。

单击"行为"面板中 （添加行为）按钮，在弹出的下拉菜单中选择"影片剪辑"，此时会弹出影片剪辑的行为菜单，如图7-19所示。

图7-18　声音行为

图7-19　影片剪辑行为

- 加载图像：将外部JPG文件加载到影片剪辑或屏幕中。
- 加载外部影片剪辑：将外部SWF文件加载到目前影片剪辑或屏幕中。
- 转到帧或标签并在该处停止：停止影片剪辑，并根据需要将播放头移到某个特定帧。
- 转到帧或标签并在该处播放：从特定帧播放影片剪辑。

7.3 实 例 讲 解

本节将通过4个实例来对Flash CS6的组件与行为进行具体应用，旨在帮助读者快速掌握Flash CS6组件与行为方面的相关知识。

7.3.1 制作由滚动条控制文本的上下滚动效果

要点

本例将制作单击按钮可控制文本的上下滚动、停在按钮上时可控制文本的上下滚动，以及由滚动条组件控制文本的上下滚动3种效果，如图7-20所示。通过学习本例，读者应掌握 this 和 "_root" 语句的区别，了解通过 scroll 语句控制文本上下滚动的方法和滚动条组件的应用。

图7-20　由按钮控制文本的上下滚动效果

操作步骤

1. 制作单击按钮可控制文本的上下滚动效果

（1）启动Flash CS6软件，新建一个Flash文件（ActionScript 2.0）。

（2）打开配套光盘中的"素材及结果\7.3.1由按钮控制文本的上下滚动效果\文字.txt"文件（见图7-21），并执行菜单中的"编辑|复制"命令。然后回到Flash中，利用工具箱中的 Ⓣ（文本工具）在舞台中创建一个文本框，执行菜单栏中的"编辑|粘贴到当前中心位置"命令，效果如图7-22所示。

图7-21　文字.txt

图7-22　粘贴后的效果

（3）调整文本框。方法：在"属性"面板中将文本属性设置为"动态文本"，名称为tt，如图7-23所示。然后，右击舞台中的文本框，从弹出的快捷菜单中执行"可滚动"命令（见图7-24），接着利用工具箱中的 （选择工具）调整文本框的大小，效果如图7-25所示。

图7-23 设置文本属性　　　图7-24 选择"可滚动"　　　图7-25 调整后的文本框大小

（4）制作向上滚动的按钮。方法：执行菜单栏中的"窗口|公用库|按钮"命令，打开系统自带的按钮面板，然后选择classic buttons\playback \ gel Left（见图7-26），将其拖入舞台。接着，在"变形"面板中设置"旋转"为"90°"（见图7-27），效果如图7-28所示。

图7-26 选择gel Left　　图7-27 设置"旋转"为"90°"　　图7-28 将按钮旋转90°的效果

（5）制作向下滚动的按钮。方法 ：利用工具箱中的 （选择工具）选中步骤（4）制作的按钮，配合键盘上的〈Alt+Shift〉组合键垂直向下移动，从而复制出一个按钮。然后，在"变形"面板中设置"旋转"为"-90.0°"（见图7-29），效果如图7-30所示。

图7-29　设置"旋转"为-90.0°　　　　　图7-30　将按钮旋转-90°的效果

（6）设置向上滚动按钮的动作脚本。**方法**：右击舞台中向上滚动的按钮，从弹出的快捷菜单中执行"动作"命令，然后在"动作"面板中输入语句：

```
on(release){
    this.tt.scroll-=1;
}
```

 提示

　　this表示在当前位置调用tt动态文本。由于在文本向上滚动时，标尺的数值逐渐减小，因此this.tt.scroll后为"-"。

（7）设置向下滚动按钮的动作脚本。**方法**：右击舞台中向下滚动的按钮，从弹出的快捷菜单中执行"动作"命令，然后在"动作"面板中输入语句：

```
on(release){
    this.tt.scroll+=1;
}
```

 提示

　　由于在文本向下滚动时，标尺的数值逐渐增大，因此this.tt.scroll后为"+"。

（8）至此，单击按钮可控制文本上下滚动的效果制作完毕。执行菜单栏中的"控制|测试影片|测试"（快捷键〈Ctrl+Enter〉）命令，打开播放器窗口，即可测试效果。

2. 制作鼠标放到按钮上时可控制文本上下滚动的效果

（1）选择舞台中的向上按钮，按快捷键〈F8〉，将其转换为"向上"影片剪辑元件。

（2）双击舞台中的"向上"影片剪辑元件，进入其编辑模式。然后，在第2帧按快捷键〈F6〉，插入关键帧。

（3）在第2帧右击舞台中的按钮，从弹出的快捷菜单中执行"动作"命令，然后在"动作"面板中删除脚本语句。

 提示

　　这一步的目的是使光标放置到按钮上时滚动效果能够延续。

（4）在第1帧右击舞台中的按钮，从弹出的快捷菜单中执行"动作"命令，然后在"动作"面板中修改语句为：

```
on(rollOver){
    _root.tt.scroll-=1;
}
```

提示

此时，利用_root调用tt原来所在位置的参数。

（5）同理，将舞台中的向下按钮转换为"向下"影片剪辑元件。然后，删除第2帧中按钮元件的动作，再将第1帧中按钮元件的动作修改为：

```
on(rollOver){
    _root.tt.scroll+=1;
}
```

（6）至此，当将光标放到按钮上时可控制文本上下滚动的效果制作完毕。下面执行菜单中的"控制|测试影片|测试"（快捷键〈Ctrl+Enter〉）命令，打开播放器窗口，即可测试效果。

3．制作由滚动条组件控制文本上下滚动的效果

（1）单击按钮，回到场景1，然后删除向上和向下两个按钮。

（2）执行菜单栏中的"窗口|组件"命令，调出组件面板。然后，从中选择UIScrollBar组件，如图7-31所示。接着，将其拖动到舞台中动态文本框的右侧，此时，滚动条会自动吸附到动态文本框上，如图7-32所示。

使用和自定义这些功能。
　　使用组件可以轻松而快速地构建功能强大且具有一致外观和行为的应用程序。本手册介绍如何使用 ActionScript 3.0 组件构建应用程序。《ActionScript 3.0 语言和组件参考》中介绍了每种组件的应用程序编程接口（API）。
　　用户可以使用 Adobe 创建的组件，下载其他开发人员创建的组件，还可以创建自己的组件。

图7-31　选择UIScrollBar组件 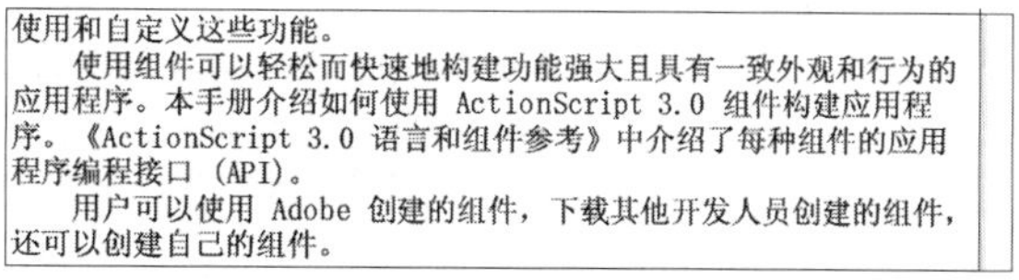　　　　　图7-32　滚动条自动吸附到动态文本框上

（3）至此，由滚动条组件控制文本上下滚动的效果制作完毕。下面执行菜单栏中的"控制|测试影片|测试"（快捷键〈Ctrl+Enter〉）命令，打开播放器窗口，即可测试效果，如图7-33所示。

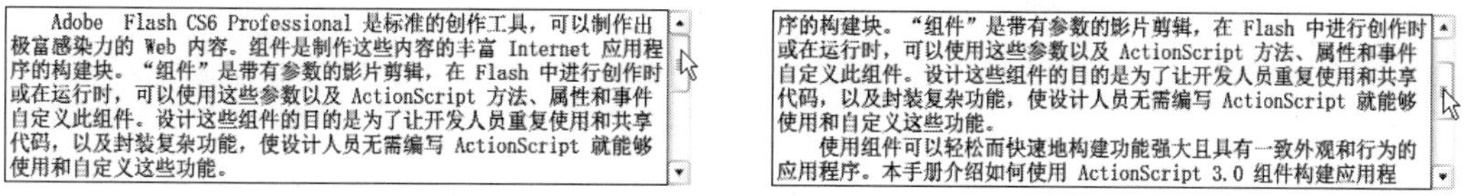

Adobe Flash CS6 Professional 是标准的创作工具，可以制作出极富感染力的 Web 内容。组件是制作这些内容的丰富 Internet 应用程序的构建块。"组件"是带有参数的影片剪辑，在 Flash 中进行创作时或在运行时，可以使用这些参数以及 ActionScript 方法、属性和事件自定义此组件。设计这些组件的目的是为了让开发人员重复使用和共享代码，以及封装复杂功能，使设计人员无需编写 ActionScript 就能够使用和自定义这些功能。	序的构建块。"组件"是带有参数的影片剪辑，在 Flash 中进行创作时或在运行时，可以使用这些参数以及 ActionScript 方法、属性和事件自定义此组件。设计这些组件的目的是为了让开发人员重复使用和共享代码，以及封装复杂功能，使设计人员无需编写 ActionScript 就能够使用和自定义这些功能。 　　使用组件可以轻松而快速地构建功能强大且具有一致外观和行为的应用程序。本手册介绍如何使用 ActionScript 3.0 组件构建应用程

图7-33　由按钮控制文本上下滚动的效果

7.3.2　制作卷展类别效果

要点

本例将制作单击不同选项卡会显示出相关选项卡中的不同头像，效果如图7-34所示。通过学习本例，读者应掌握Accordion组件的应用。

图7-34　卷展类别效果

操作步骤

1. 创建相关元素

（1）启动Flash CS6软件，新建一个Flash文件（ActionScript 2.0）。

（2）执行菜单中的"文件|导入到库"命令，导入配套光盘中的"素材及结果\7.3.2 模拟卷展类别效果\face1.jpg～face8.jpg和背景.jpg"图片，此时"库"面板如图7-35所示。

（3）设置文档大小。方法：从"库"面板中将"背景.jpg"拖入舞台，然后执行菜单栏中的"修改|文档"命令，在弹出的"文档设置"对话框中选中"内容"单选按钮（见图7-36），此时软件会自动将文档大小与"背景.jpg"图片进行匹配，接着单击"确定"按钮，效果如图7-37所示，最后将"图层1"重命名为bg。

 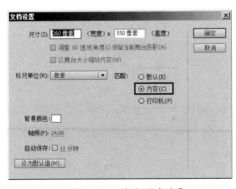 

图7-35　"库"面板　　　　　　图7-36　单击"内容"　　　　　图7-37　与图片匹配后的效果

（4）单击时间轴下方的 🖿（新建图层）按钮，新建一个Accordion层，如图7-38所示。

（5）执行菜单栏中的"窗口|组件"命令，打开"组件"面板，如图7-39所示。然后,在Accordion层将"组件"面板中的Accordion组件拖入舞台，如图7-40所示。

图7-38 新建Accordion层

图7-39 "组件"面板

图7-40 将Accordion组件拖入舞台

（6）调整Accordion组件的大小。方法：选择舞台中的Accordion组件，在"属性"面板中设置"宽"为250.00，"高"为300.00（见图7-41），然后调整Accordion组件的位置，如图7-42所示。

图7-41 设置Accordion组件的大小

图7-42 调整Accordion组件的位置

（7）制作4个选项卡中要加载的头像按钮。方法：执行菜单栏中的"插入|新建元件"（快捷键〈Ctrl+F8〉）命令，然后在弹出的"创建新元件"对话框中设置参数（见图7-43），单击"确定"按钮，进入face1按钮元件的编辑状态。接着，从"库"面板中将face1.jpg拖入舞台，并将其x、y坐标设为（0.00，0.00），如图7-44所示。最后分别在时间轴"指针""按下"和"点击"帧按快捷键〈F6〉，插入关键帧，如图7-45所示。

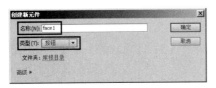

图7-43　新建face1按钮元件

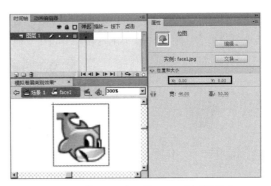

图7-44　将face1.jpg的x、y坐标设为0

（8）同理，创建出face2～face8按钮元件，此时"库"面板如图7-46所示。

图7-45　face1元件的时间轴分布

图7-46　"库"面板

（9）制作mc1影片剪辑作为第一个选项卡的内容。方法：执行菜单栏中的"插入|新建元件"（快捷键〈Ctrl+F8〉）命令，在弹出的"创建新元件"对话框中设置参数（见图7-47），单击"确定"按钮，进入mc1影片剪辑元件的编辑状态。接着，将face1和face2按钮元件分别拖入该元件，并将face1按钮元件的x、y坐标设为（20.00，10.00），如图7-48所示；将face2按钮元件的x、y坐标设为（20.00，75.00），结果如图7-49所示。

图7-47 新建"mc1"影片剪辑元件

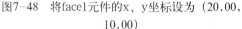

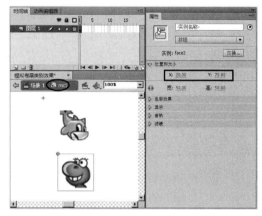

图7-48 将face1元件的x、y坐标设为（20.00，
10.00）

图7-49 将face2元件的x、y坐标设为（20.00，
75.00）

（10）同理，新建mc2～mc4影片剪辑元件。然后将face3和face4按钮元件拖入mc2影片剪辑元件，效果如图7-50所示；将face5和face6按钮元件拖入mc3影片剪辑元件，效果如图7-51所示；将face7和face8按钮元件拖入mc4影片剪辑元件，效果如图7-52所示。

图7-50 mc2影片剪辑元件　　　　图7-51 mc3影片剪辑元件　　　　图7-52 mc4影片剪辑元件

（11）为了在预览时看到相关内容，可以在"库"面板中右击mc1影片剪辑元件，从弹出的快捷菜单中执行"链接"命令，然后在弹出的"元件属性"对话框中进行如图7-53所示的设置，单击"确定"按钮。

（12）同理对mc2～mc4影片剪辑元件进行处理。

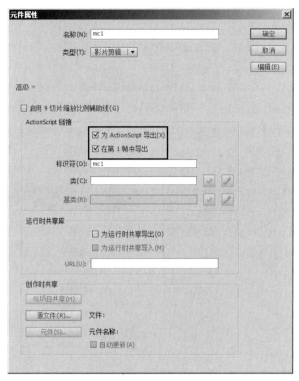

图7-53　设置链接属性

2. 通过设置Accordion组件的参数来建立相关元素之间的关联关系

（1）设置4个选项卡的名称。方法：单击 场景1 按钮，回到"场景1"。选择舞台中的Accordion组件，在"属性"面板中单击childLabels后的 按钮，如图7-54所示。然后在弹出的"值"对话框中单击 按钮，如图7-55所示。最后，在创建的"值"中输入"我的好友"，如图7-56所示。同理，创建"企业好友""陌生人"和"黑名单"3个选项卡的名称（见图7-57），单击"确定"按钮。

图7-54　单击childLabels后的 按钮

图7-55　单击 按钮

图7-56 输入"我的好友"

图7-57 4个QQ选项卡的名称

（2）设置选项卡的实例名称。方法：在"属性"面板中单击childNames后的按钮，然后在弹出的"值"对话框中单击按钮，创建"1""2""3"和"4"4个实例名称，（见图7-58），单击"确定"按钮。

（3）设置4个选项卡中需要加载的影片剪辑。方法：在"属性"面板中单击childSymbols后的按钮，在弹出的"值"对话框中单击按钮，创建mc1、mc2、mc3和mc4四个加载的影片剪辑，如图7-59所示，单击"确定"按钮。此时，Accordion组件的"属性"面板如图7-60所示。

图7-58 创建实例名称

图7-59 创建需要加载的影片剪辑

图7-60 Accordion组件的"属性"面板

（4）按快捷键〈Ctrl+Enter〉，预览动画，即可看到单击不同的选项卡会显示相关选项卡中的不同头像的效果。

7.3.3 制作网站导航按钮效果

 要点

本例将制作通过单击不同的网站导航按钮跳转到相应网站的效果，如图7-61所示。通过学习本例，应掌握利用行为制作网站导航按钮的方法。

图7-61　网站导航按钮

操作步骤

1. 创建按钮

（1）启动Flash CS6软件，新建一个Flash文件（ActionScript 2.0），然后在"属性栏"中设置文档大小为400像素×100像素。

（2）执行菜单栏中的"窗口|公共库|按钮"命令，打开按钮库面板。展开buttons rounded文件夹，如图7-62所示。选择rounded blue、rounded orange和rounded green 3个按钮拖入舞台，并依次水平放置。然后，利用"对齐"面板将它们进行水平居中分布对齐（见图7-63），效果如图7-64所示。

图7-63　设置对齐参数

图7-62　展开buttons rounded文件夹　　　　　图7-64　对齐后效果

（3）此时按钮中的文字为默认文字，下面将按钮中的文字更换为所需文字。方法：双击最左侧的按钮，进入按钮元件的编辑模式，然后解锁text层，利用工具箱中的 **T**（文本工具）选中文字，如图7-65所示。接着，重新输入文字"新浪"，如图7-66所示。

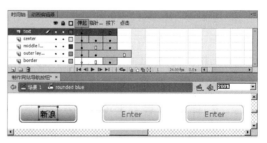

图7-65　选中文字　　　　　　　　　　图7-66　输入文字"新浪"

（4）此时文字看上去不是很清楚，这是因为文字具有锯齿的原因，下面去除文字中的锯齿。方法：选择文字，然后在"属性"面板中将"位图文本[无消除锯齿]"更改为"使用设备字体"（见图7-67），此时字体就显示正常了，效果如图7-68所示。

图7-67　选择"使用设备字体"

图7-68　正常显示的字体

（5）同理，将其余两个按钮中的文字替换为"搜狐"和"雅虎"，结果如图7-69所示。

图7-69　替换按钮中的文字

2. 利用"行为"面板创建按钮的链接

（1）执行菜单栏中的"窗口|行为"命令，打开"行为"面板。然后，选择舞台中的"新浪"按钮，单击行为面板左上方的 （添加行为）按钮，从弹出的快捷菜单中执行"Web|转到Web页"命令，如图7-70所示。接着，在弹出的"转到URL"对话框中进行如图7-71所示的设置，单击"确定"按钮，此时"行为"面板如图7-72所示。

图7-70　选择"Web|转到Web
　　　　　页"命令

图7-71　设置参数

图7-72　设置后的"行为"
　　　　　面板

（2）同理，选择舞台中"搜狐"按钮，添加"转到Web页"行为，在弹出的"转到URL"对话框中进行如图7-73所示的设置，单击"确定"按钮。

（3）同理，选择舞台中"雅虎"按钮，添加"转到Web页"行为，在弹出的"转到URL"对话框中进行如图7-74所示的设置，单击"确定"按钮。

（4）至此，整个网站导航按钮制作完毕。下面执行菜单栏中的"控制|测试影片"（快捷键〈Ctrl+Enter〉）命令，打开播放器窗口，即可测试通过单击不同的网站导航按钮跳转到相应网站的效果。

图7-73　设置"搜狐"按钮的链接参数　　　　图7-74　设置"雅虎"按钮的链接参数

7.3.4　制作花样百叶窗效果

要点

　　本例将制作各种形状的、众多图像的百叶窗切换效果，如图 7-75 所示。当播放动画时，多幅图像依次以百叶窗方式切换；单击界面右侧的单选按钮，可以改变图像显示的形状。通过学习本例，读者可掌握 RadioButton 组件以及 for()、if()、duplicateMovieClip 和 setMask 等基本语句的应用。

图7-75　花样百叶窗

操作步骤

　　（1）启动Flash CS6软件，新建一个Flash文件（ActionScript 2.0）。

　　（2）按快捷键〈Ctrl+J〉，在弹出的"文档属性"对话框中设置参数，如图7-76所示，单击"确定"按钮。

　　（3）按快捷键〈Ctrl+F8〉，在弹出的"创建新元件"对话框中输入名称Image，并选择影片剪辑，然后单击"确定"按钮，进入影片剪辑Image的编辑模式。按快捷键〈Ctrl+R〉导入一系列JPG图像，它们自动分布在各关键帧中，如图7-77所示。此时，

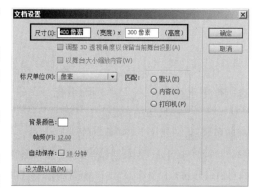

图7-76　设置"文档属性"

时间轴如图7-78所示。为了防止影片剪辑Image自动播放，这里选中第1帧，并在"动作"面板中输入语句：

```
stop();
```

图7-77　导入系列图片

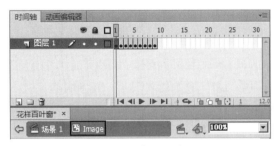

图7-78　时间轴分布

（4）按快捷键〈Ctrl+F8〉，在弹出的"创建新元件"对话框中输入名称Shape，并选择影片剪辑，然后单击"确定"按钮，进入Shape元件的编辑模式。把"图层1"更名为Image，将"库"面板中的Image元件拖放到工作区中央，接着在第5帧按快捷键〈F5〉插入普通帧。

（5）在Shape元件中添加Shape层，并分别在第1～5帧按快捷键〈F7〉，插入5个空白关键帧。然后，在各帧中绘制不同的填充图形（如圆形、心形、风轮、菱形及雷形），如图7-79所示。接着，右击Shape层，在弹出的快捷菜单中执行"遮罩层"命令，此时，时间轴如图7-80所示。

(a) 第1帧　　　　　　　　　(b) 第2帧　　　　　　　　　(c) 第3帧

(d) 第4帧　　　　　　　　　(e) 第5帧

图7-79　在不同帧绘制不同的填充图形

提示

　　在Shape层中的图形填充尺寸不要超过300像素×300像素，并且要在第1帧处设置帧脚本语句"Stop();"，以禁止影片剪辑Shape自动播放。

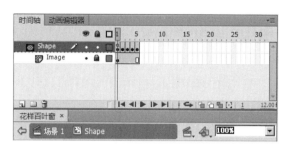

图7-80　时间轴分布

（6）按快捷键〈Ctrl+F8〉，在弹出的"创建新元件"对话框中输入名称Mask，并选择影片剪辑，然后单击"确定"按钮，进入Mask元件的编辑模式。选择工具箱中的▣（矩形工具）在工作区中绘制矩形，并设置矩形尺寸为300像素×30像素，中心参考坐标为（0，0），如图7-81所示。接着，在第15帧中按快捷键〈F6〉，插入关键帧，并调整矩形填充尺寸300像素×1像素，如图7-82所示。最后，在第1～15帧之间创建形状补间动画。

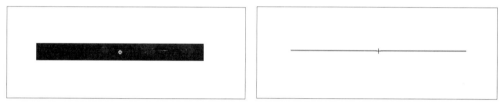

图7-81　绘制矩形　　　　　　　　　　　　　　　　　图7-82　调整矩形大小

（7）在第16帧处按快捷键〈F7〉，插入空白关键帧，并使之延长到第30帧。然后，单击第1帧，在"动作"面板中输入以下语句：

```
name=this._name;
Num=name.substr(6,1);
if(Num==0) {
    tmp=_root.shape.image._currentframe;
    tot=_root.shape.image._totalframes;
    for(i=0;i<10;i++) {
        tmpMC=_root["shape"+i].image;
        tmpMC.gotoAndStop(tmp);
    }
    if(tmp==tot) {
        _root.shape.image.gotoAndStop(1);
    } else {
        _root.shape.image.gotoAndStop(tmp+1);
    }
}
```

（8）按快捷键〈Ctrl+E〉，回到"场景1"，更改层名称为Background，然后从库中拖出作为背景的图案，如图7-83所示。

（9）在"场景1"中添加Shape层，然后将"库"面板中的Shape元件拖放到工作区中，并在"属性"面板中设置其实例名称为Shape，如图7-84所示。

图7-83　从库中拖出作为背景的图案

图7-84　命名实例名

（10）在"场景1"中添加Mask层，然后将"库"面板中的Mask元件拖放到工作区中，如图7-85所示，接着在"属性"面板中设置实例名称为Mask。此时，时间轴如图7-86所示。

图7-85　将 Mask元件拖放到工作区

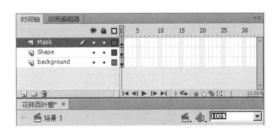

图7-86　时间轴分布

（11）在"场景1"中添加Radio层，按快捷键〈Ctrl+F7〉，打开"组件"面板，如图7-87所示。将其中的RadioButton拖放到工作区右侧，结果如图7-88所示。

（12）执行菜单栏中的"窗口|组件检查器"命令，打开"组件检查器"面板。然后，单击工作区中的单选框组件实例，在"属性"面板中选择参数栏，更改其中的参数Label和Data，如图7-89所示。

图7-87　调出"组件"面板　　图7-88　将RadioButton拖放到工作区右侧　　图7-89　更改参数

> **提示**
>
> 参数Label为单选按钮中的显示文字；参数Data为单选按钮所携带的数值；参数Change Handler为单选按钮组改变后需要执行的函数。

（13）同理，在工作区右侧放置多个同组（Group Name）的单选按钮：参数Label分别为"心形""五角星""苹果形""多边形"，相应的参数Data分别为2、3、4、5；而参数Change Handler均为yxl，如图7-90所示。

图7-90　设置其他单选框参数

（14）回到Background层，选择工具箱中的文字工具，在"属性"面板中设置参数，如图7-91所示，然后在工作区中输入文字"花样百叶窗"，结果如图7-92所示。

图7-91　设置文本属性

图7-92　画面效果

（15）在"场景1"中添加Actions层，然后在"动作"面板中输入语句：

```
function yxl() {
    tmp=radioGroup.getData();
    Shape.gotoAndStop(tmp);
    for (i=0;i<10;i++) {
        tmpShape=_root["shape"+i];
        tmpShape.gotoAndStop(tmp);
    }
}
```

```
for(i=0;i<10;i++) {
    m=100+i;
    duplicateMovieClip("mask","mask"+m,m);
    duplicateMovieClip("shape","shape"+i,i);
    tmpMask=_root["mask"+m];
    tmpShape=_root["shape"+i];
    tmpMask._x=150;
    tmpMask._y=30*i+15;
    tmpShape._x=150;
    tmpShape._y=150;
    tmpShape.setMask(tmpMask);
}
mask._visible=0;
```

此时，时间轴如图7-93所示。

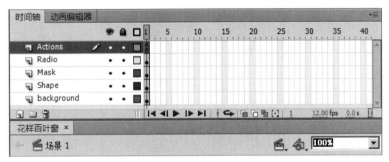

图7-93 时间轴分布

（16）按快捷键〈Ctrl+Enter〉打开播放器窗口，即可测试效果。

课后练习

1．填空题

（1）Flash CS6的"组件"面板中包含＿＿＿＿＿＿、＿＿＿＿＿＿和＿＿＿＿＿＿3类组件。

（2）在"行为"面板中单击 （添加行为）按钮，从弹出的下拉列表中选择"Web｜转到Web页"命令后，会弹出"转到URL"对话框，在该对话框中可以设置＿＿＿＿＿＿、＿＿＿＿＿＿、＿＿＿＿＿＿和＿＿＿＿＿＿4种打开页面的目标窗口的方式。

2．选择题

（1）＿＿＿＿＿＿属于在Flash CS6的"行为"面板中可以添加的行为。

    A．声音   B．媒体   C．Web   D．影片剪辑

（2）下列＿＿＿＿＿＿属于在Flash CS6的"组件"面板中可以添加的组件。

    A．RadioButton   B．ScrollPane   C．ComboBox   D．CheckBox

3．问答题

（1）简述导入矢量图形的方法。

（2）简述编辑声音的方法。

4．操作题

练习：制作如图7-94所示的声音控制按钮效果。

图7-94　声音控制按钮效果

第8章

Flash动画的测试与发布

本章要点

在制作Flash动画时，使用测试动画或测试场景功能可以随时查看动画播放时的效果。如果动画的播放不是很顺利，还可以通过相关功能对影片进行优化操作。此外，还可以根据需要，将Flash文件发布为其他格式的文件。通过学习本章，读者应掌握Flash动画的测试与发布的方法。

本章内容包括：

■ Flash动画的测试；

■ 优化动画文件；

■ Flash动画的发布；

■ 导出Flash动画。

8.1 Flash动画的测试

通过Flash动画的测试功能，可以测试部分动画、特定场景、整体动画等效果，以便对所做的动画随时进行预览，确保动画的质量和正确性。

8.1.1 测试影片

在制作完Flash动画后，可以使用"测试"命令查看整个动画播放时的效果。测试影片的具体操作步骤如下：

（1）打开配套光盘中的"素材及结果\测试影片.fla"文件。

（2）执行菜单栏中的"控制|测试影片|测试"命令，即可测试影片。

8.1.2 测试场景

在制作Flash动画的过程中，可以根据需要创建多个场景，或者在一个场景中创建多个影片剪辑的动画效果。此时，可以使用"测试场景"命令对当前的场景或元件进行测试。测试场景的具体操作步骤如下：

（1）打开配套光盘中的"素材及结果\测试场景.fla"文件。

（2）选择要进行预览的场景（此时选择的是"字幕"），如图8-1所示。

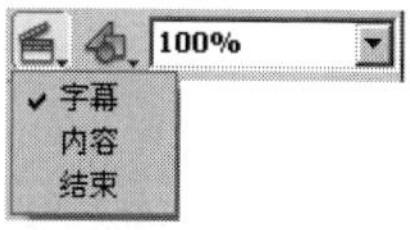

图8-1 选择"字幕"

（3）执行菜单栏中的"控制|测试场景"命令，即可测试"字幕"场景。

8.2　优化动画文件

由于全球的用户使用的网络传输速度不同，可能一些用户使用的是宽带，而一些用户却还在使用拨号上网。在这种情况下，如果制作的动画文件较大，常常会让那些网速不是很快的用户失去耐心，因此在不影响动画播放质量的前提下尽可能地优化动画文件是十分必要的。优化Flash动画文件可以分为在制作静态元素时进行优化、在制作动画时进行优化、在导入音乐时进行优化和在发布动画时进行优化4个方面。

1. 在制作静态元素时进行优化

（1）多使用元件。重复使用元件并不会使动画文件明显增大，因此对于在动画中反复使用的对象，应将其转换为元件，然后重复使用该元件即可。

（2）多采用实线线条。虚线线条（比如点状线、斑马线）相对于实线线条较为复杂，因此应较少使用虚线线条，而多采用构图最简单的实线线条。

（3）优化线条。矢量图形越复杂，CPU运算起来就越费力，因此在制作矢量图形后可以通过执行菜单中的"修改|形状|优化"命令，将矢量图形中不必要的线条删除，从而减小文件大小。

（4）导入尽可能小的位图图像。Flash CS6提供了JPEG、GIF和PNG 3种位图压缩格式。在Flash中压缩位图的方法有两种：一是在"属性"面板中设置位图压缩格式；二是在发布时设置位图压缩格式。

① 在"属性"面板中设置位图压缩格式。在"属性"面板中进行设置的具体步骤如下：

■ 执行菜单栏中的"窗口|库"命令，打开"库"面板。

■ 右击要压缩的位图，在弹出的快捷菜单中选择"属性"命令，弹出如图8-2所示的"位图属性"对话框。在该对话框中显示了当前位图的格式以及可压缩的格式，此时该图为.bmp格式，压缩为"照片（JPEG）"。如果选中"自定义"单选按钮，还可以对其压缩品质进行具体设置，如图8-3所示。

图8-2　"位图属性"对话框　　　　　图8-3　对压缩品质进行具体设置

■ 如果在"压缩"右侧下拉列表中选择"无损（PNG/GIF）"，也可对位图进行压缩，如图8-4所示。

② 在发布时设置位图压缩格式。在发布时进行设置的具体步骤如下：

■ 执行菜单中的"文件|发布设置"命令。

■ 在弹出的"发布设置"对话框左侧选择"Flash（.swf）"复选框，然后在右侧选中"压缩影片"复选框，并在"JPEG品质"文本框中填上相应的数值（见图8-5），单击"确定"或"发布"按钮即可。

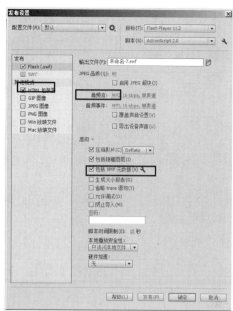

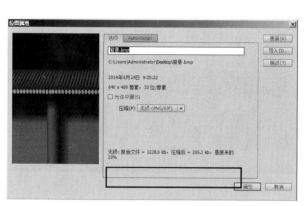

图8-4 对原图进行95%的压缩　　　　　图8-5 设置"Flash"选项卡

（5）限制字体和字体样式的数量。使用的字体种类越多，动画文件就越大，因此应尽量不要使用太多不同种类的字体，而尽可能使用Flash内定的字体。

2. 在制作动画时进行优化

（1）多采用补间动画。由于Flash动画文件的大小与帧的多少成正比，因此应尽量以补间动画的方式产生动画效果，而少用逐帧方式生成动画。

（2）多用矢量图形。由于Flash并不擅长处理位图图像的动画，通常只用于静态元素和背景图，而矢量图形可以任意缩放且不影响Flash的画质，因此在生成动画时应多用矢量图形。

（3）尽量缩小动作区域。动作区域越大，Flash动画文件就越大，因此应限制每个关键帧中发生变化的区域，使动画发生在尽可能小的区域内。

（4）尽量避免在同一时间内多个元素同时产生动画。由于在同一时间内多个元素同时产生动画会直接影响到动画的流畅播放，因此应尽量避免在同一时间内多个元素同时产生动画。同时，还应将产生动画的元素安排在各自专属的图层中，以便加快Flash动画的处理过程。

（5）制作小电影。为减小文件，可以将Flash中的电影尺寸设置得小一些，然后将其在发布为HTML格式时进行放大。下面举例说明，具体操作步骤如下：

■ 在Flash CS6中创建一个400像素×300像素的载入条动画，然后将其发布为SWF电影，如图8-6所示。

■ 执行菜单栏中的"文件|发布设置"命令，在弹出的"发布设置"对话框中选中"HTML包装器"复选框，然后将"尺寸"设为"像素"，大小设为800像素×600像素（见图8-7），单击"发布"按钮，将其发布为HTML格式。接着，打开发布后的HTML，可以看到网页中的电影尺寸被放大了，而画质却丝毫无损，如图8-8所示。

图8-6 发布为SWF电影

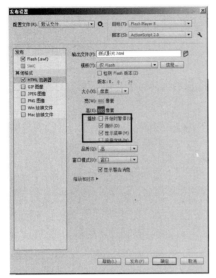
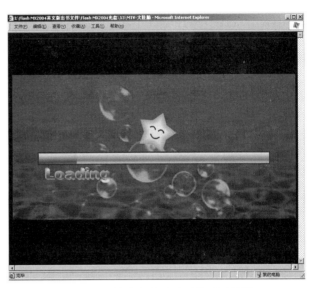

图8-7　设置文件尺寸　　　　　图8-8　放大文件尺寸后的画面效果

3. 在导入音乐时进行优化

Flash支持的声音格式有波形音频格式WAV和MP3，不支持WMA、MIDI音乐格式。WAV格式的音频品质比较好，但相对于MP3格式比较大，因此建议多使用MP3的格式。在Flash CS6中可以将WAV转换为MP3，具体操作步骤如下：

（1）右击"库"面板中要转换格式的.WAV文件。

（2）在弹出的快捷菜单中执行"属性"命令，在弹出的"声音属性"对话框中设置"压缩"为MP3（见图8-9），单击"确定"按钮即可。

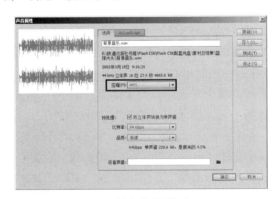

图8-9　设置"压缩"为MP3

8.3　Flash动画的发布

在制作好Flash动画后，可以根据需要将其发布为不同的格式，以实现动画制作的目的和价值。Flash的发布操作通常是在"文件"菜单中完成的，Flash的文件菜单中包括"发布设置""发布预览"和"发布"3个关于发布的命令，如图8-10所示。

图8-10　发布菜单命令

8.3.1 发布设置

Flash CS6默认发布的动画文件为.swf格式，具体发布步骤如下：

（1）执行菜单栏中的"文件|发布设置"命令，在弹出的"发布设置"对话框左侧选中Flash（.swf）复选框，如图8-11所示。

（2）此时在右侧会显示出Flash（.swf）相关参数。其主要参数含义如下：

图8-11 选中Flash（.swf）复选框

■ 目标：用于设置输出的动画可以在哪种浏览器上进行播放。版本越低，浏览器对其的兼容性越强，但低版本无法容纳高版本的Flash技术，播放时会失掉高版本技术创建的部分。版本越高，Flash功能越强，但低版本的浏览器无法支持其播放。因此，要根据需要选择适合的版本。

■ 脚本：与前面的"播放器"相关联，高版本的动画必须搭配高版本的脚本程序，否则高版本动画中的很多新技术无法实现。脚有ActionScript 1.0、ActionScript 2.0和ActionScript 3.0这3个选项可供选择。

■ 音频流：指声音只要前面几帧有足够的数据被下载就可以开始播放了，它与网上播放动画的时间线是同步的。可以通过单击其右侧的"设置"按钮，设置音频流的压缩方式。

■ 音频事件：是指声音必须完全下载后才能开始播放或持续播放。可以通过单击其右侧的"设置"按钮，设置音频事件的压缩方式。

■ 高级：常用的有"防止导入"功能。选中"防止导入"，可以防止别人引入自己的动画文件，并将其编译成Flash源文件。当选中该项后，其下的"密码"文本框将激活，此时可以输入密码，此后导入该.swf文件将弹出如图8-12所示的对话框，只有输入正确密码后才可以导入影片，否则将弹出如图8-13所示的提示对话框。

（3）设置完成后，单击"确定"按钮，即可将文件进行发布。

提示

执行菜单栏中的"文件|导出|导出影片"命令，也可以发布.swf格式的文件。

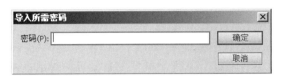

图8-12　"导入所需密码"对话框　　　　　　　图8-13　提示对话框

8.3.2　发布预览

执行菜单栏中的"文件|发布预览"命令，可以发布相应的文件并在默认浏览器上打开预览。"发布预览"命令中的子菜单会随着格式的设置被激活或变灰不可用。图8-14所示为默认设置下"发布预览"命令中显示的子菜单内容，图8-15所示为勾选了所有发布格式后"发布预览"命令中显示的子菜单内容。

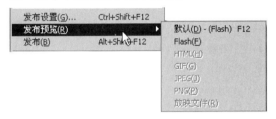

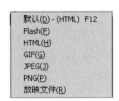

图8-14　默认"发布预览"子菜单　　　图8-15　勾选所有发布格式后的"发布预览"子菜单

8.3.3　发布Flash动画

在完成动画发布的设置后，执行菜单栏中的"文件|发布"命令，Flash会创建一个指定类型的文件，并将它存放在Flash文档所在的文件夹中，在覆盖或删除该文件之前，此文件会一直保留在那里。

8.4　导出Flash动画

通过导出动画操作，可以创建能在其他应用程序中进行编辑的内容，并将影片直接导出为特定的格式。一般情况下，导出操作是通过菜单栏中的"文件|导出"中的"导出图像""导出所选内容"和"导出影片"3个命令来实现的，如图8-16所示。下面主要讲解"导出图像"和"导出影片"两种导出方式。

图8-16　"导出"命令

8.4.1　导出图像文件

"导出图像"命令可以将当前帧的内容或当前所选的图像导出为一种静止的图像格式或导出为单帧动画。执行菜单栏中的"文件|导出|导出图像"命令，在弹出的"导出图像"对话框的"保存类型"下拉列表中可以选择多种图像文件的格式，如图8-17所示。当选择了相应的导出图像的格式和文件位置后，单击"保存"按钮，即可将图像文件保存到指定位置。

图8-17 选择多种图像文件的格式

下面就具体讲解一下导出的图像格式。

1. Adobe FXG

FXG格式是适用于Flash平台的图像交换格式。FXG格式使设计人员和开发人员可以以较高的保真度交换图形内容，从而有助于他们更有效地进行协作。设计人员可以使用相关工具创建图形，并将图形导出为FXG格式。

创建FXG文件时，会直接将矢量图形存储在文件中。FXG中没有对应标记的元素将导出为位图图像，然后在FXG文件中引用这些图像。使用FXG导出功能导出包含矢量图形和位图图像的文件时，会随同FXG文件创建一个单独的文件夹。该文件夹的名称为<filename.assets>，其中包含与FXG文件关联的位图图像。

2. 位图（*.bmp）

BMP是一种标准的位图格式，它支持RGB、灰度、索引颜色和位图色彩模式，但不支持Alpha通道。当选择"位图（*.bmp）"格式进行导出时，会弹出如图8-18所示的"导出位图"对话框。该对话框中的参数解释如下：

■"宽""高"：用于设置导出的位图图像的大小。

■分辨率：用于设置导出的位图图像的分辨率，并根据绘图的大小自动计算宽度和高度。

■匹配屏幕：用于设置分辨率与显示器匹配。

■包含：包括"最小影像区域"和"完整文档大小"两个选项可供选择。

■颜色深度：用于设置图像的深度。有些Windows应用程序不支持较新的"32位彩色（含Alpha）"深度的位图图像，此时可以选择"24位彩色"选项。

■平滑：勾选该项，可以对导出的位图应用消除锯齿效果。消除锯齿可以生成较高品质的位图图像，但是在彩色背景中，它可能会在图像周围生成灰色像素的光晕。如果出现这种情况，则可以取消勾选该项。

3. JPEG图像

JPEG是一种有损压缩格式，该格式的图像包括上百万种颜色。它通常用于图像预览和一些文档，比如HTML文档等。该格式的图像具有文件小的特点，是所有格式中压缩率最高的格式，但该格式不支持透明。当选择"JPEG图像（*jpg,*jpeg）"格式导出时，会弹出如图8-19所示的"导出JPEG"对话框。该对话框中的参数除了"品质"和"渐进式显示"两项外，其余参数与"导出位图"对话框中的参数相同。下面就讲解"品质"和"渐进式显示"两项参数。

图8-18 "导出位图"对话框

图8-19 "导出JPEG"对话框

■品质：用于控制JPEG文件的压缩量。图像品质越低，则文件越小。

■渐进式显示：勾选该项后，则可在Web浏览器中以渐进式的方式显示JPEG图像，从而可在低速网络连接上，以较快的速度显示加载的图像。

4. GIF图像

GIF也是一种有损压缩格式，它只包括256种颜色。该格式支持透明。当选择"GIF图像（*gif）"格式导出时，会弹出如图8-20所示的"导出GIF"对话框。该对话框中的大多数参数与"导出位图"对话框中的参数相同。下面就讲解与"导出位图"对话框不同的相关参数。

■颜色：用于设置导出的GIF图像中每个像素的颜色数。该下拉列表有"4色""8色""16色""32色""64色""128色""256色"和"标准颜色"8种类型可供选择，如图8-21所示。

图8-20 "导出GIF"对话框

图8-21 "颜色"下拉列表

■透明：勾选该项后，将应用程序背景的透明度。

■交错：勾选该项后，将在下载导出的GIF文件时，在浏览器中逐步显示该图像，从而使用户在完全下载文件前就能看到基本的图像内容。

■平滑：勾选该项后，将消除导出图像的锯齿，从而生成较高品质的图像，并改善文本　的显示品质。

■抖动纯色：勾选该项后，可以将抖动应用于纯色。

5. PNG图像

PNG是一种无损压缩格式，该格式支持透明。当选择PNG（*png）格式导出时，会弹出如

图8-22所示的"导出PNG"对话框。该对话框中的大多数参数与"导出GIF"对话框中的参数相同，这里不再赘述。

图8-22　"导出PNG"对话框

8.4.2　导出影片文件

导出影片文件可以将制作好的Flash文件导出为Flash动画或者是静帧的图像序列，还可以将动画中的声音导出为WAV文件。执行菜单栏中的"文件|导出|导出影片"命令，在弹出的"导出影片"对话框的"保存类型"下拉列表中包括多种影片文件的格式，如图8-23所示。当选择了相应的影片格式和文件位置后，单击"保存"按钮，即可将影片文件保存到指定位置。

图8-23　选择多种影片的格式

下面就讲解一下Flash可以导出的影片格式。

1. SWF影片（*swf）

SWF是Flash的专用格式，是一种支持矢量和点阵图形的动画文件格式，在网页设计、动画制作等领域被广泛应用，SWF文件通常也被称为Flash文件。使用这种格式可以播放所有在编辑时设置的动画效果和交互效果，而且容量小。此外，如果发布为SWF文件，还可以对其设置保护。

2. Windows AVI（*avi）

将文档导出为Windows AVI（*avi）格式后，会丢失所有的交互性。AVI文件具有压缩性大的特点，但有损影片的播放质量。该格式主要应用在多媒体光盘上，用来保存电视、电影等各种影像信息。

3. QuickTime（*mov）

QuickTime影片格式是Apple公司开发的一种音频、视频文件格式，用于存储常用数字媒体类型。

4. WAV音频（*wav）

WAV音频是最经典的Windows多媒体音频格式，应用非常广泛，采用位数、采样频率和声道数3个参数来表示声音。

5. JPEG序列和PNG序列

在Flash中可以将逐帧更改的文件导出为JPEG序列和PNG序列，这两个导出对话框设置分别与JPEG图像和PNG图像的设置相同，这里不再赘述。

6. GIF动画和GIF序列

GIF动画文件提供了一个简单的方法来导出简短的动画序列。Flash可以优化GIF动画文件，并且只存储逐帧更改的文件。而GIF序列是将影片逐帧导出为GIF文件。

课 后 练 习

1. 填空题

（1）Flash CS6提供了＿＿＿＿＿＿、＿＿＿＿＿＿和＿＿＿＿＿＿ 3种位图压缩格式。

（2）＿＿＿＿＿＿影片格式是Apple公司开发的一种音频、视频文件格式，用于存储常用数字媒体类型。

2. 选择题

（1）下列＿＿＿＿＿＿是在Flash中可以导出的无损压缩图像格式。

    A．JPEG   B．AVI   C．GIF   D．PNG

（2）下列＿＿＿＿＿＿是最经典的Windows多媒体音频格式。

    A．WAV   B．AVI   C．GIF   D．QuickTime

3. 问答题

（1）简述测试影片和测试场景的方法。

（2）简述优化动画文件的方法。

（3）简述在Flash中可以导出的影片格式。

第9章

综合实例

本章要点

在学习了前面8章后，读者已经掌握了Flash CS6的基本功能和操作。但在实际应用中，读者往往不能够得心应手，充分发挥出Flash CS6创建图像的威力。因此，本章将综合使用Flash CS6的功能制作3个生动的实例，以巩固已学的知识。

本章内容包括：

- 制作手机广告动画效果；
- 制作天津美术学院网页；
- 制作《趁火打劫》动作动画。

9.1 制作手机广告动画效果

要点

本例将制作一个手机产品的宣传广告动画，如图9-1所示。通过学习本例，读者应掌握图片的处理、淡入淡出动画、引导层动画和遮罩动画的综合应用。

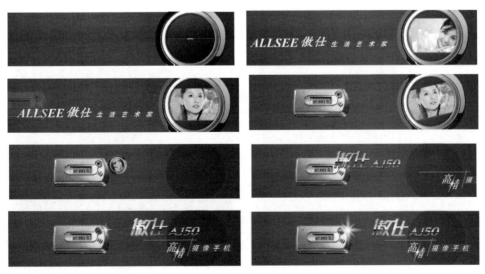

图9-1 手机产品广告动画

操作步骤

1. 制作背景

（1）启动Flash CS6软件，新建一个Flash文件（ActionScript 2.0）。

（2）导入动画文件进行参考。方法：执行菜单栏中的"文件|导入|导入到舞台"命令，导入配套光盘中的"素材及结果\9.1 手机产品广告动画\视频参考.swf"动画文件，此时，"视频参考"动画会以逐帧的方式进行显示，如图9-2所示。

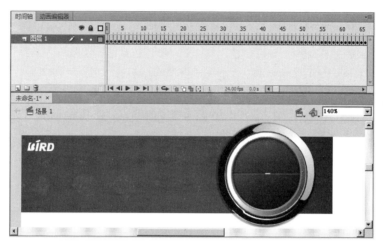

图9-2 导入"视频参考.swf"动画

（3）执行菜单栏中的"文件|保存"命令，将其保存为"参考.fla"。

（4）创建一个尺寸与"视频参考.swf"背景图片等大的Flash文件。方法：在第1帧中选中背景图片，然后执行菜单栏中的"编辑|复制"命令，进行复制。

（5）新建一个Flash文件（ActionScript 2.0），然后执行菜单栏中的"编辑|粘贴到当前位置"命令，进行粘贴。接着，执行菜单栏中的"修改|文档"命令，在弹出的对话框中选中"内容"单选按钮，如图9-3所示，再单击"确定"按钮，即可创建一个尺寸与"视频参考.swf"背景图片等大的Flash文件，最后将"图层1"重命名为"背景"，并将其保存为"手机产品广告动画.fla"，结果如图9-4所示。

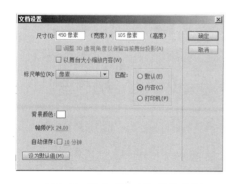

图9-3 选中"内容"单选按钮

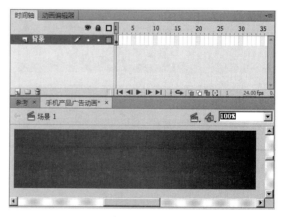

图9-4 创建一个尺寸与背景图片等大的Flash文件

2. 制作镜头盖打开动画

（1）新建"镜头"元件。方法：在"手机产品广告动画.fla"中执行菜单栏中的"插入|新建元件"（快捷键〈Ctrl+F8〉）命令，在弹出的"创建新元件"对话框中设置参数，如图9-5所示，然后单击"确定"按钮，进入"镜头"元件的编辑模式。

（2）回到"参考.fla"文件，利用工具箱中的 ▶（选择工具）选中所有的镜头图形，如图9-6所示。然后执行菜单栏中的"编辑|复制"命令，进行复制。回到"手机产品广告动画.fla"中，执行菜单栏中的"编辑|粘贴到中心位置"命令，进行粘贴。

图9-5 新建"镜头"元件

图9-6 选中所有的镜头图形

（3）提取所需镜头部分。方法：右击粘贴后的一组镜头图形，从弹出的快捷菜单中选择"分散到图层"命令，从而将组成镜头的每个图形分配到不同图层上，如图9-7所示。然后，将"元件5"层重命名为"上盖"，"元件4"层重命名为"下盖"，"元件7"层重命名为"外壳"，"元件6"层重命名为"内壳"。接着，删除其余各层，并对"外壳"层中对象的颜色进行适当修改，结果如图9-8所示。

（4）选中所有图层的第10帧，按快捷键〈F5〉，插入普通帧，从而将时间轴的总长度延长到第10帧。

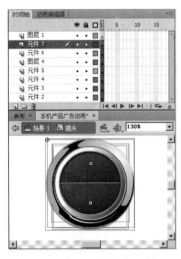

图9-7 新建"镜头"元件

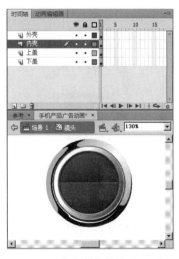

图9-8 选中所有的镜头图形

（5）制作镜头盖打开前的线从短变长的动画。方法：单击时间轴左下方的 ▣（插入图层）按钮，新建"线"层，然后利用工具箱中的 ╲（线条工具）绘制一条白色线条，如图9-9所示。

接着在"线"层的第10帧按快捷键〈F6〉，插入关键帧。再回到第1帧，利用工具箱中的 ▓▓ （任意变形工具）将线条进行缩短，如图9-10所示。最后，在"线"层的第1~10帧创建形状补间动画，此时时间轴分布如图9-11所示。

（6）选中"上盖""下盖""内壳"和"外壳"的第100帧，按快捷键〈F5〉，插入普通帧，从而将这4个层的总长度延长到第100帧。

图9-9　创建白色线条　　　　图9-10　在第1帧缩短线条　　　　　　图9-11　时间轴分布

（7）制作上盖打开效果。方法：选中"上盖"的第10帧和第20帧，按快捷键〈F6〉，插入关键帧，然后在第20帧将上盖图形向上移动，如图9-12所示。接着，右击第10~20帧的任意一帧，从弹出的快捷菜单中选择"创建传统补间"命令。

（8）制作下盖打开效果。方法：同理，在"下盖"的第10帧和第20帧处按快捷键〈F6〉，插入关键帧，然后在第20帧将下盖图形向下移动，如图9-13所示。最后，右击第10~20帧的任意一帧，从弹出的快捷菜单中执行"创建传统补间"命令。此时时间线分布如图9-14所示。

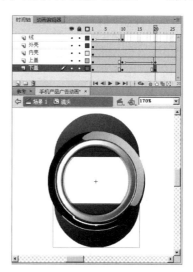

图9-12　在第20帧将上盖图形向上移动　　　　图9-13　在第20帧将下盖图形向下移动

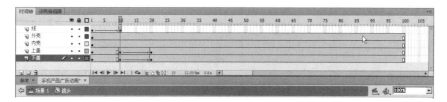

图9-14　时间轴分布

3. 优化所需素材图片

（1）启动Photoshop CS6，新建一个大小为640像素×480像素，分辨率为72像素/英寸的文件。然后，执行菜单栏中的"文件|置入"命令，置入配套光盘中的"素材及结果\9.1手机产品广告动画\素材1.jpg"图片，在属性栏中将图像尺寸更改为150像素×116像素，如图9-15所示，最后按键盘上的〈Enter〉键进行确定。

（2）按住键盘上的〈Ctrl〉键单击"素材1"层，从而创建"素材1"选区，如图9-16所示。然后，按快捷键〈Ctrl+C〉进行复制，再执行菜单中的"文件|新建"命令，此时Photoshop会默认创建一个与复制图像等大的150像素×116像素的文件，如图9-17所示。接着单击"确定"按钮，执行菜单栏中的"编辑|粘贴"命令，将复制后的图像进行粘贴，结果如图9-18所示。

（3）执行菜单栏中的"文件|保存"命令，将其存储为"1.jpg"。

图9-15　设置图像大小

图9-16　创建选区

图9-17　新建图像

图9-18　粘贴效果

（4）同理，置入配套光盘中的"素材及结果\ 9.1 手机产品广告动画\素材 2 .jpg"和"素材 3 .jpg"图片，然后将它们的大小也调整为150像素×116像素，再将它们存储为"2.jpg"和"3.jpg"。

4. 制作镜头中的淡入淡出图片动画

（1）回到"手机广告动画.fla"中，执行菜单栏中的"文件｜导入｜导入到库"命令，导入配套光盘中的"素材及结果\9.1 手机产品广告动画画\1.jpg" " 2 .jpg"和" 3 .jpg"图片，此时，"库"面板中会显示出导入的图片，如图9-19所示。

（2）执行菜单栏中的"插入|新建元件"（快捷键〈Ctrl+F8〉）命令，在弹出的"创建新元件"对话框中设置参数，如图9-20所示，然后单击"确定"按钮，进入"1"元件的编辑模式。从库中将"1.jpg"元件拖入到舞台中，并使其中心对齐，结果如图9-21所示。

（3）同理，创建"2"影片剪辑元件，然后分别将库中"2.jpg"元件拖入舞台，并中心对齐。

（4）同理，创建"3"影片剪辑元件，然后分别将库中"3.jpg"元件拖入舞台，并中心对齐。

（5）执行菜单栏中的"插入|新建元件"（快捷键〈Ctrl+F8〉）命令，在弹出的"创建新元件"对话框中设置参数，如图9-22所示，单击"确定"按钮，进入"动画"元件的编辑模式。

图9-19　导入图片

（6）从库中将"1"元件拖入舞台，并中心对齐。然后，在第50帧按快捷键〈F5〉，插入普通帧，从而将时间轴的总长度延长到第50帧。

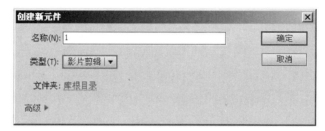

图9-20　创建"1"影片剪辑元件

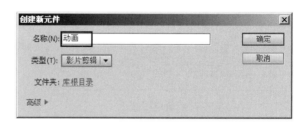

图9-21　将"1.jpg"拖入到"1"元件并中心对齐　　　图9-22　创建"动画"影片剪辑元件

（7）创建"2"元件的淡入淡出效果。方法：新建"图层2"，在第10帧按快捷键〈F7〉，插入空白关键帧，然后从库中将"2"元件拖入舞台，并中心对齐。再在"图层2"的第20帧按快捷键〈F6〉，插入关键帧。接着单击第10帧，将舞台中"2"元件的Alpha值设为0%，最后右击"图层2"第10~20帧的任意一帧，从弹出的快捷菜单中选择"创建传统补间"命令，结果如图9-23所示。

图9-23 将第10帧"2"元件的Alpha设为0%

（8）创建"3"元件的淡入淡出效果。方法：同理，新建"图层3"，在第25帧按快捷键〈F7〉，插入空白关键帧，然后从库中将"3"元件拖入舞台，并中心对齐。再在"图层3"的第35帧按快捷键〈F6〉，插入关键帧。接着，单击第25帧，将舞台中"3"元件的Alpha值设为0%，最后在"图层3"的第25~35帧中创建传统补间动画。

（9）创建"1"元件的淡入淡出效果。方法：同理，新建"图层4"，在第40帧按快捷键〈F7〉，插入空白关键帧，然后从库中将"1"元件拖入舞台，并中心对齐。再在"图层4"的第50帧按快捷键〈F6〉，插入关键帧。接着，单击第40帧，将舞台中"1"元件的Alpha值设为0%，最后在"图层4"的第40~50帧中创建补间动画，此时时间轴分布如图9-24所示。

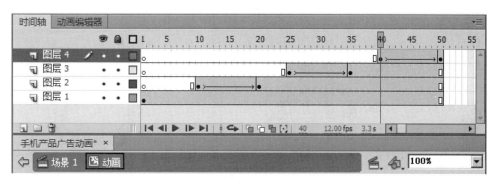

图9-24 时间轴分布

5. 制作镜头盖打开后显示出图片过渡动画的效果

（1）双击库面板中的"镜头"元件，进入编辑模式。然后，在"上盖"层上方新建"动画"层，再从库中将"动画"元件拖入舞台，并放置到如图9-25所示的位置。

（2）在"动画"层上方新建"遮罩"层，然后利用工具箱中的 ◉（椭圆工具）绘制一个105像素×105像素的正圆形，并调整位置如图9-26所示。此时，时间轴分布如图9-27所示。

图9-25　将"动画"元件拖入舞台

图9-26　绘制正圆形

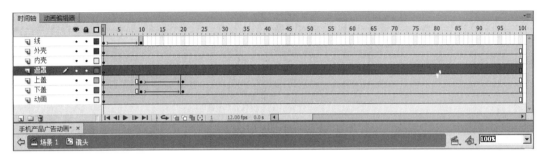

图9-27　时间轴分布

（3）制作遮罩效果。方法：右击"遮罩"层，从弹出的快捷菜单中执行"遮罩层"命令，如图9-28所示。此时，只有圆形以内的图像被显现出来，效果如图9-29所示。

（4）为了使镜头盖打开过程中所在区域内的图像不进行显现，下面将"上盖"和"下盖"层拖入遮罩，并进行锁定，结果如图9-30所示。

图9-28　选择"遮罩层"

图9-29　遮罩效果

图9-30　最终遮罩效果

6. 制作文字"ALLSEE 傲仕 生活艺术家"的淡入淡出效果

（1）单击 场景1 按钮，回到"场景1"。然后，新建"镜头"层，从库中将"镜头"元件拖入舞台，位置如图9-31所示。

（2）新建"生活艺术家"层，利用工具箱中的 T （文本工具）输入文字"ALLSEE 傲仕生活艺术家"。然后，框选所有的文字，按快捷键〈F8〉，将其转换为"生活艺术家"影片剪辑元件，效果如图9-32所示。

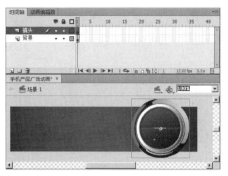

图9-31 将"镜头"元件拖入舞台放置到适当位置

图9-32 输入文字

（3）同时选择"生活艺术家""镜头"和"背景"层，然后在第130帧按快捷键〈F5〉，插入普通帧，从而将时间轴的总长度延长到第130帧。

（4）将"生活艺术家"层的第1帧移动到第20帧，然后分别在第22、53和55帧按快捷键〈F6〉，插入关键帧。最后，将第20帧和第55帧中的"生活艺术家"元件的Alpha值设为0%，并在第20~22帧、第53~55帧之间创建传统补间动画。此时，时间轴分布如图9-33所示。

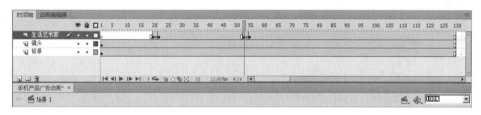

图9-33 时间轴分布

7. 制作手机飞入舞台的动画

（1）回到"参考.fla"，选中"手机"图形，执行菜单栏中的"编辑|复制"命令进行复制。接着，回到"手机产品广告动画.fla"，新建"手机"层，在第50帧按快捷键〈F7〉，插入空白关键帧。再执行菜单栏中的"编辑|粘贴到当前位置"命令，进行粘贴，效果如图9-34所示。

（2）在"手机"层的第60帧中按快捷键〈F6〉，插入关键帧。然后在第50帧将"手机"移动到左侧，并将其Alpha值设为0%。接着，在第50~60帧之间创建传统补间动画，最后在属性面板中将"缓动"设为"-50"，如图9-35所示，从而使手机产生加速飞入舞台的效果。此时，时间轴分布如图9-36所示。

图9-34 粘贴手机图形

图9-35 将"缓动"设为"-50"

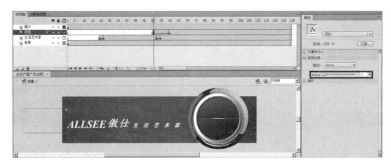

图9-36　时间轴分布

8.制作镜头缩小后移动到手机右上角的动画

（1）将"镜头"层移动到"手机"层的上方。

（2）分别在"镜头"层的第65帧和第80帧，按快捷键〈F6〉，插入关键帧。然后，在第80帧将"镜头"元件缩小，并移动到如图9-37所示的位置。

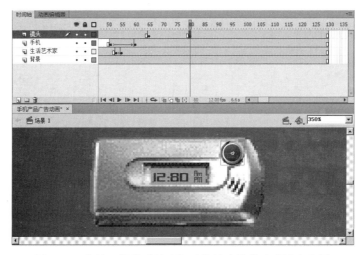

图9-37　在第80帧将"镜头"元件缩小并移动到适当位置

（3）制作镜头移动过程中进行逆时针旋转并加速的效果。方法：在"镜头"层的第65~80帧之间创建传统补间动画，然后在属性面板中将"旋转"设置为"逆时针"，将"缓动"设置为"-50"，如图9-38所示。此时，时间轴分布如图9-39所示。

图9-38　设置旋转和加速参数

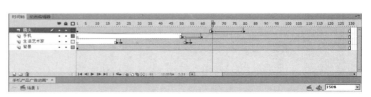

图9-39　时间轴分布

（4）制作镜头移动后原地落下的深色阴影效果。方法：在"镜头"层的下方新建"背景圆形"层，然后利用工具箱中的 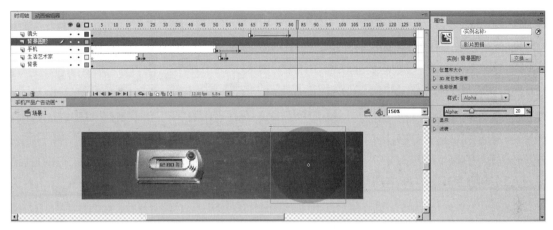（椭圆工具）绘制一个笔触颜色为无色，填充色为黑色，大小为120像素×120像素的正圆形。接着，按快捷键〈F8〉，将其转换为"背景圆形"影片剪辑元件。最后，在属性面板中将其Alpha值设为20%，结果如图9-40所示。

图9-40 将"背景圆形"影片剪辑元件的Alpha值设为20%

9. 制作不同文字分别飞入舞台的效果

（1）回到"参考.fla"，选中文字"傲仕A150"，如图9-41所示，执行菜单栏中的"编辑|复制"命令，进行复制。接着，回到"手机产品广告动画.fla"，新建"文字1"层，在第85帧按快捷键〈F7〉，插入空白关键帧。最后，执行菜单栏中的"编辑|粘贴到当前位置"命令，进行粘贴。再按快捷键〈F8〉，将其转换为"文字1"影片剪辑元件，结果如图9-42所示。

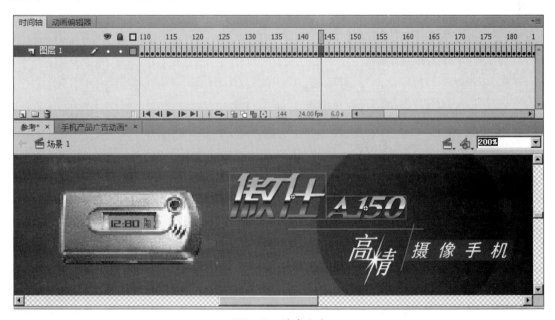

图9-41 选中文字

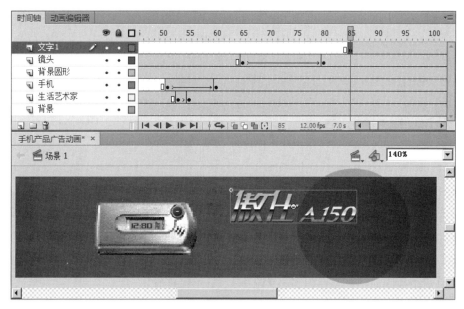

图9-42 将文字转换为"文字1"影片剪辑元件

（2）制作文字"傲仕A150"从左向右运动的效果。方法：在"文字1"层的第90帧按快捷键〈F6〉，插入关键帧。然后，在第85帧将"文字1"元件移动到如图9-43所示的位置。接着，在第85~90帧之间创建传统补间动画。

（3）同理，回到"参考.fla"，然后选中文字"高清摄像手机"，执行菜单栏中的"编辑|复制"命令，进行复制。接着，回到"手机产品广告动画.fla"，新建"文字2"层，在第85帧按快捷键〈F7〉，插入空白关键帧。再执行菜单栏中的"编辑|粘贴到当前位置"命令，进行粘贴。最后，按快捷键〈F8〉，将其转换为"文字2"影片剪辑元件，结果如图9-44所示。

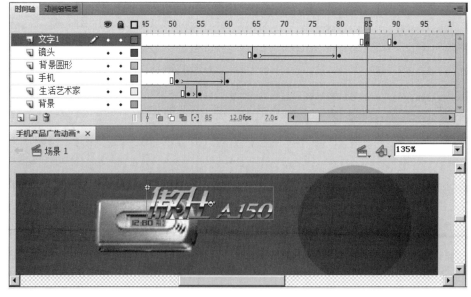

图9-43 在第85帧将"文字1"元件移动到适当位置

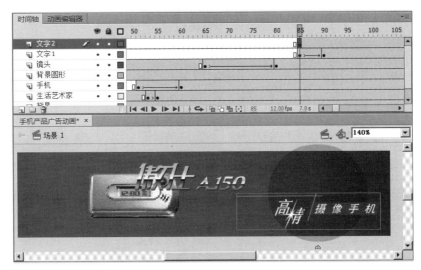

图9-44 将文字转换为"文字2"影片剪辑元件

（4）制作文字"高清摄像手机"从右向左运动的效果。方法：在"文字2"层的第90帧按快捷键〈F6〉，插入关键帧。然后，在第85帧将"文字2"元件移动到如图9-45所示的位置。接着，在第85~90帧之间创建传统补间动画。

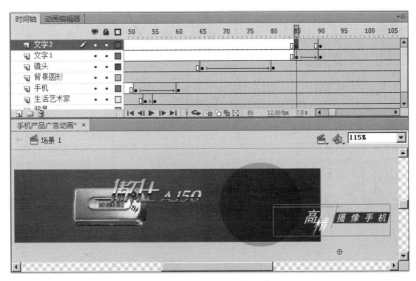

图9-45 在第85帧将"文字2"元件移动到适当位置

10. 制作文字飞入舞台后的扫光效果

（1）执行菜单栏中的"插入|新建元件"（快捷键〈Ctrl+F8〉）命令，在弹出的"创建新元件"对话框中设置参数，如图9-46所示，然后单击"确定"按钮，进入"圆形"元件的编辑模式。

（2）为了便于观看效果，下面在属性面板中将背景色设为红色。

（3）利用工具箱中的（椭圆工具），绘制一个75像素×75像素的正圆形，并中心对齐，然后设置其填充色为透明到白色，如图9-47所示，效果如图9-48所示。

图9-46　新建"圆形"元件　　图9-47　设置渐变　图9-48　透明到白色的填充效果

（4）制作"圆形"先从左向右，再从右向左运动的效果。方法：单击 场景1 按钮，回到"场景1"，然后新建"圆形"层，在第90帧按快捷键〈F7〉，从库中将"圆形"元件拖入舞台，并调整位置，如图9-49所示。接着，分别在第97帧和第105帧按快捷键〈F6〉，插入关键帧。再将第97帧的"圆形"元件移动到如图9-50所示的位置。最后，在第90~105帧之间创建传统补间动画。

（5）制作扫光时的遮罩。方法：选中舞台中的"文字1"元件，执行菜单栏中的"编辑|复制"命令。然后，在"圆形"层的上方新建"遮罩"层，执行菜单栏中的"编辑|粘贴到当前位置"命令，最后执行菜单栏中的"修改|分离"命令，将"文字1"元件打散为图形，效果如图9-51所示。

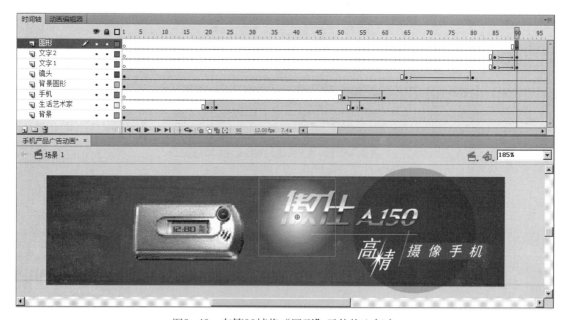

图9-49　在第90帧将"圆形"元件拖入舞台

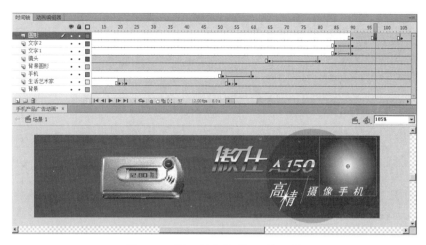

图9-50 第97帧中的"圆形"元件

图9-51 在"遮罩"层将"文字1"元件打散为图形

（6）利用遮罩制作扫光效果。方法：右击"遮罩"层，从弹出的快捷菜单中执行"遮罩层"命令，此时，时间轴分布如图9-52所示。

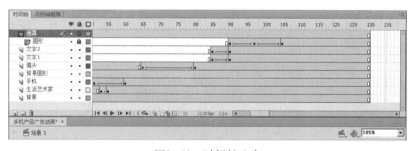

图9-52 时间轴分布

（7）按键盘上的〈Enter〉键播放动画，即可看到扫光效果，如图9-53所示。

图9-53 预览扫光效果

图9-53　预览扫光效果（续）

11. 制作环绕手机进行旋转的光芒效果

（1）执行菜单栏中的"插入|新建元件"（快捷键〈Ctrl+F8〉）命令，在弹出的"创建新元件"对话框中设置参数，如图9-54所示。然后，单击"确定"按钮，进入"圆形"元件的编辑模式。

图9-54　新建"光芒"影片剪辑元件

（2）利用工具箱中的 （椭圆工具）绘制一个75像素×75像素的正圆形，并中心对齐，然后设置其填充色为透明到白色。接着，利用工具箱中的 （任意变形工具）对其进行处理，再执行菜单栏中的"修改|组合"命令，将其成组，结果如图9-55所示。最后，在变形面板中将"旋转"设为90°，单击 （重制选区和变形）按钮（见图9-56），进行旋转复制，结果如图9-57所示。

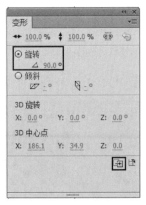

图9-55　成组效果　　　图9-56　设置旋转复制参数　　　图9-57　旋转复制效果

（3）框选两个基本光芒图形，然后在属性面板中将"旋转"设为45°，单击（重制选区和变形）按钮（见图9-58），进行旋转复制。接着，利用工具箱中的（任意变形工具）对其进行缩放处理，并中心对齐，结果如图9-59所示。

图9-58 设置旋转复制参数

图9-59 光芒效果

（4）单击按钮，回到"场景1"。然后，新建"光芒"层，在第85帧按快捷键〈F7〉，插入空白关键帧。接着，从库中将"光芒"元件拖入舞台并适当缩放，结果如图9-60所示。

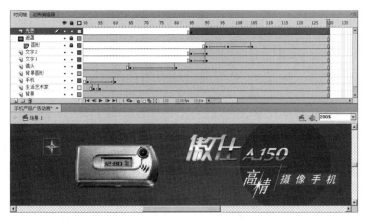

图9-60 将"光芒"元件拖入舞台并适当缩放

（5）制作光芒运动的路径。方法：右击时间轴左侧的图层名称，从弹出的快捷菜单中执行"添加传统运动引导层"命令，如图9-61所示。然后，在第85帧按快捷键〈F7〉，插入空白关键帧。接着，选择工具箱中的（基本矩形工具），设置填充色为无色，笔触颜色为蓝色，矩形边角半径为100，如图9-62所示。再按快捷键〈Ctrl+B〉，将其分离为图形。最后，利用工具箱中的（橡皮擦工具）将圆角矩形左上角进行擦除，结果如图9-63所示，此时，时间轴分布如图9-64所示。

（6）制作光芒沿路径运动动画。方法：在第85帧将"光芒"元件移动到路径的上方开口处，如图9-65所示。然后，在"光芒"层的第100帧按快捷键〈F6〉，插入关键帧，再将"光芒"元件移动到路径的下方开口处，如图9-66所示。接着，在"光芒"层的第85~100帧之间创建传统补间动画。

图9-61 选择"添加传统运动引导层"命令

Flash CS6中文版应用教程（第三版）

提示

为了便于观看，可以将"光芒"层和"引导层"以外的层进行隐藏。

图9-62　设置矩形参数

图9-63　将圆角矩形左上角进行擦除

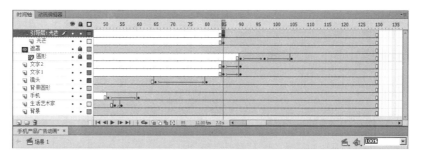

图9-64　时间轴分布

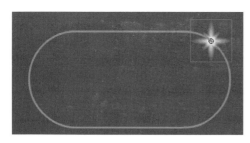

图9-65　在第85帧调整"光芒"元件的位置

图9-66　在第100帧调整"光芒"元件的位置

（7）制作光芒在第100帧后的闪动效果。方法：在"光芒"层的第101~106帧按快捷键〈F6〉，插入关键帧。然后将第101、103、105帧的"光芒"元件放大，如图9-67所示。

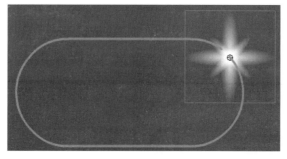

图9-67　将第101、103、105帧的"光芒"元件放大

（8）至此，整个动画制作完毕，时间轴分布如图9-68所示。执行菜单栏中的"控制|测试影片|测试"（快捷键〈Ctrl+Enter〉）命令，打开播放器窗口，即可看到动画效果。

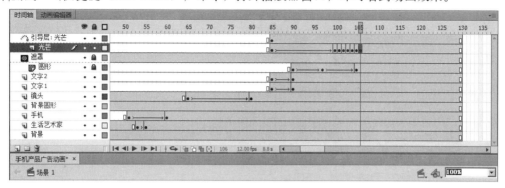

图9-68 时间轴分布

提示

此时当动画再次播放时会发现缺少了镜头打开的效果，这是因为"镜头"元件的总帧数（100帧）与整个动画的总帧数（130帧）不等长的原因，将"镜头"元件的总帧数延长到第130帧即可。

9.2 制作天津美术学院网页

要点

本例将制作一个Flash站点，如图9-69所示。通过学习本例，读者应掌握网页的架构和常用脚本的使用方法。

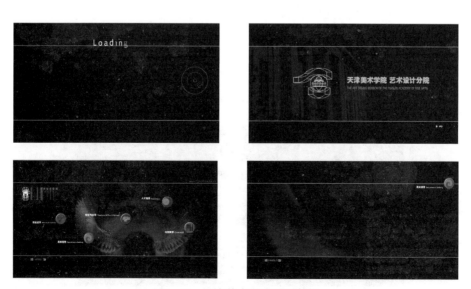

图9-69 天津美术学院网页制作

操作步骤

1. 制作"场景1"

（1）启动Flash CS6软件，新建一个Flash文件（ActionScript 2.0）。然后，执行菜单栏中的"修改|文档"（快捷键〈Ctrl+J〉）命令，在弹出的"文档设置"对话框中设置参数，如图9-70所示，单击"确定"按钮。

（2）按快捷键〈Ctrl+F8〉，新建影片剪辑元件，名称为"泉动画"。然后，单击"确定"按钮，进入其编辑模式。

（3）选择工具箱中的 （椭圆工具）绘制一个圆形，然后按快捷键〈F8〉将其转换为图形元件"泉"。接着，在"泉动画"元件中制作放大并逐渐消失的动画。此时，时间轴如图9-71所示。

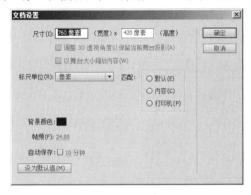

图9-70　设置文档尺寸

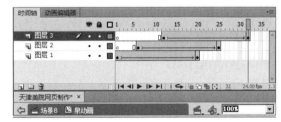

图9-71　时间轴分布

（4）按快捷键〈Ctrl+E〉，回到"场景1"，新建8个图层。然后，将"泉动画"元件复制到不同图层的不同帧上，从而形成错落有致的泉水放大并消失的效果，时间轴及效果如图9-72所示。

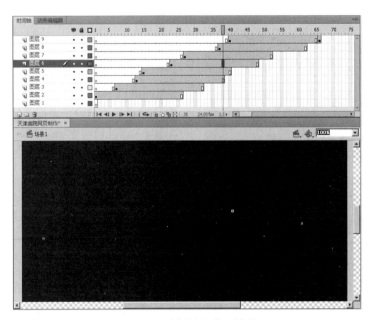

图9-72　时间轴分布及效果

（5）选择工具箱中的 \（线条工具），在"图层1"上绘制一条白色直线，然后按快捷键〈F8〉将其转换为图形元件"线"。接着，在工作区中复制一个"线"，并将两条白线放置到工作区的上方和下方。最后，在"图层1"的第66帧按快捷键〈F5〉，从而将该层的总长度延长到66帧，时间轴及效果如图9-73所示。

（6）新建7个图层L、o、a、d、i、n、g，分别制作字母L、o、a、d、i、n、g逐个显现，然后逐个消失的效果，如图9-74所示。

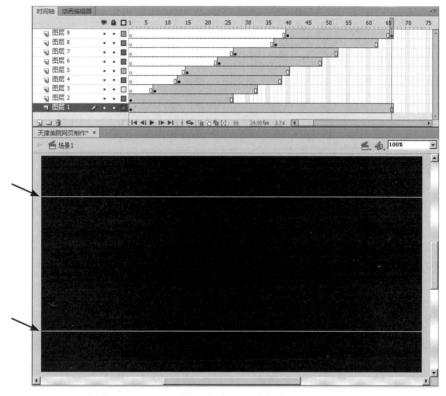

图9-73　绘制直线

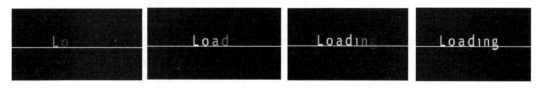

图9-74　制作字母逐个出现的效果

（7）为了使文字Loading更加生动，下面分别选中字母g的上下两部分，然后按快捷键〈F8〉，将它们分别转换为"g上"和"g下"图形元件。接着，新建"g下"层，将"g下"元件放置到该层，并制作字母g下半部分的摆动动画，最终时间轴如图9-75所示。

（8）为了使"场景1"播放完毕后能够直接跳转到下面即将制作的"场景2"的第1帧，单击"图层9"的最后1帧（第66帧），然后在"动作"面板中输入语句：

```
gotoAndPlay("场景2", 1);
```

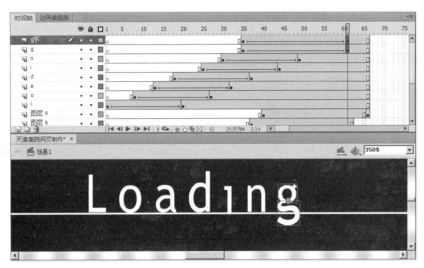

图9-75　时间轴分布及效果

2. 制作"场景2"

（1）执行菜单栏中的"窗口|工作面板|场景"命令，调出"场景"面板。然后，单击
（添加场景）按钮，新建"场景2"，如图9-76所示。接着，按快捷键〈Ctrl+R〉，导入配
套光盘中的"素材及结果\9.2天津美术学院网页制作\ xiaoyuan.jpg"图片，作为"场景2"
的背景，如图9-77所示。

（2）新建4个图层，名称分别为H、e、r、e，在其中制作文字从场景外飞入场景的效果，
如图9-78所示。

图9-76　新建"场景2"

图9-77　导入背景图片

图9-78　制作文字从场景外飞入场景的效果

（3）绘制图形如图9-79所示，然后利用遮罩层制作逐笔绘制图形的效果。此时，时间轴分布如图9-80所示。

图9-79 绘制图形

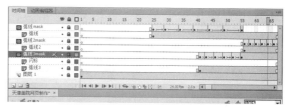

图9-80 时间轴分布

（4）按快捷键〈Ctrl+F8〉，新建影片剪辑元件，名称为zhuan，然后单击"确定"按钮，进入元件的编辑模式。

（5）按快捷键〈Ctrl+R〉，导入由Cool 3D软件制作的旋转动画图片，结果如图9-81所示。然后，按快捷键〈Ctrl+E〉，回到"场景2"，将元件zhuan从库中拖入到舞台中。

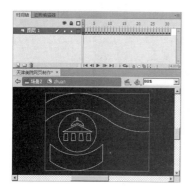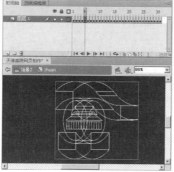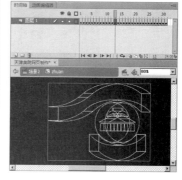

图9-81 导入序列图片

（6）在"场景2"中制作其由小变大、由消失到显现，然后再由大变小开始旋转的效果，时间轴分布如图9-82所示。

（7）制作控制跳转的按钮。方法：按快捷键〈Ctrl+F8〉，新建按钮元件，名称为play，然后单击"确定"按钮，进入元件的编辑模式。接着，制作不同状态下的按钮，结果如图9-83所示。

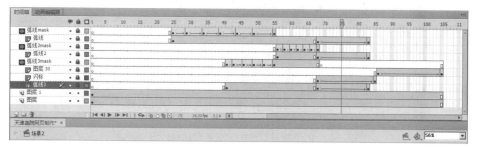

图9-82 时间轴分布

"弹起"帧　　　　　"指针经过"帧　　　　　"按下"帧　　　　　"点击"帧

图9-83　制作在不同状态下的按钮

（8）回到"场景2"，将play元件拖入"场景2"中，如图9-84所示。然后，选择工作区中的按钮，在"动作"面板中输入语句：

```
on(release) {
    gotoAndPlay("场景3",1);
}
```

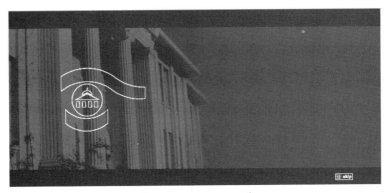

图9-84　将play元件拖入"场景2"中

（9）在"场景2"中添加文字和白色直线效果，结果如图9-85所示。

（10）制作单击skip后，画面停止在"场景2"最后1帧的效果。方法：单击"图层30"的最后1帧（即第105帧），然后在"动作"面板中输入语句：

```
stop();
```

图9-85　在"场景2"中添加文字和白色直线效果

3. 制作"场景3"

（1）新建"场景3"，然后将元件"线"拖入"场景3"。接着，制作"线"元件从工作区下方运动到中央，再回到工作区下方的动画，如图9-86所示。

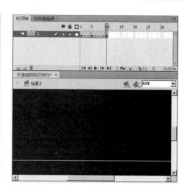

图9-86　　在"图层1"中直线运动动画

（2）新建"图层2"，再次将元件"线"拖入"场景3"，并调整位置，如图9-87所示。然后，制作"线"元件从工作区上方运动到中央，再回到工作区上方的动画。

（3）新建"图层3"，然后选择第9帧，按快捷键〈Ctrl+R〉，导入配套光盘中的"素材及结果\综合实例\ 9.2 天津美术学院网页制作\ eye.jpg"图片作为背景图片，并将其置于底层。接着，同时选择3个图层，在第74帧按快捷键〈F5〉，插入普通帧，结果如图9-88所示。

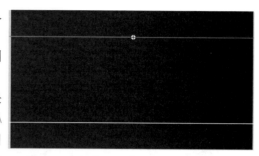

图9-87　在"图层3"放置"线"元件

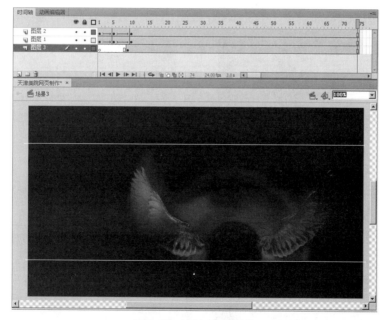

图9-88　添加背景图片

（4）新建"图层4"，按快捷键〈F7〉插入空白关键帧，然后将元件zhuan拖入"场景3"的左上角，如图9-89所示。

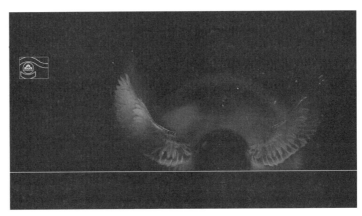

图9-89　将元件zhuan放置到"场景3"的左上角

（5）按快捷键〈Ctrl+F8〉，新建一个按钮元件，名称为"按钮1"。然后制作一个按钮，如图9-90所示。

（6）回到"场景3"，新建"图层5"，然后将"按钮1"元件拖入工作区中，并调整位置，如图9-91所示。

"弹起"帧

"指针经过"帧

"按下"帧

"点击"帧

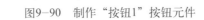

图9-90　制作"按钮1"按钮元件

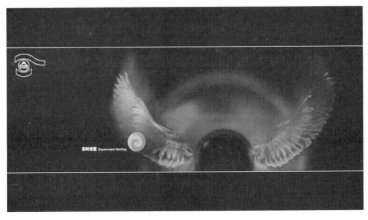

图9-91　将"按钮1"元件放置到工作区中

（7）选中"按钮1"，在"动作"面板中输入语句：

```
on(release) {
    gotoAndPlay("场景5",1);
}
```

（8）同理，制作其余的按钮，分别把它们命名为"按钮2"~"按钮5"。然后，把它们分别拖入"场景3"中，位置如图9-92所示。

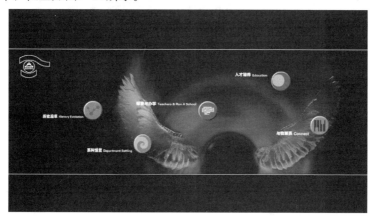

图9-92　将按钮元件分别放置到工作区中

（9）选中"按钮2"，在"动作"面板中输入语句：

```
on(release) {
    gotoAndPlay("场景6",1);
}
```

选中"按钮3"，在"动作"面板中输入语句：

```
on(release) {
    gotoAndPlay("场景4",1);
}
```

选中"按钮4"，在"动作"面板中输入语句：

```
on(release) {
    gotoAndPlay("场景7",1);
}
```

选中"按钮5"，在"动作"面板中输入语句：

```
on(release) {
    gotoAndPlay("场景8",1);
}
```

（10）制作单击按钮前，画面停止在"场景3"最后1帧的效果。方法：单击"图层30"的最后1帧（即第74帧），然后在"动作"面板中输入语句：

```
stop();
```

4. 制作"场景4"

（1）"场景4"为单击主页上相应按钮跳转到的内容页面。由于"场景4"与"场景3"的结构大致相同，这里就不再多说，只讲它们不同的地方。

（2）导入一张满意的图片作为背景。然后新建两个图层，创建出与"场景3"相同的"线"元件的动画效果。接着，从库中把已制作好的"按钮3"拖入场景中，并调整位置，如图9-93所示。

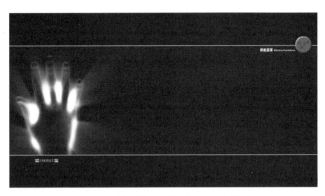

图9-93 将"按钮3"拖入"场景4"

（3）在工作区中选中"按钮3"，在"动作"面板中输入语句：

```
on(release) {
    gotoAndPlay("场景3",1);
}
```

（4）按照"场景4"的结构，依次制作出"场景5"~"场景8"，然后在各场景中分别选中各自的按钮，在"动作"面板中输入语句：

```
on(release) {
    gotoAndPlay("场景3",1);
}
```

使它们都可以回到"场景3"中。

（5）按快捷键〈Ctrl+Enter〉，打开播放器，即可测试效果。

9.3 制作《趁火打劫》动作动画

要点

本例将综合利用前面各章知识来制作一段角色打斗时的动作动画，如图9-94所示。通过学习本例，应掌握综合利用 Flash 的知识制作动作动画片的方法。

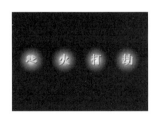  

图9-94 《趁火打劫》动作动画

2. 制作原动画

本例原动画的制作分为字幕动画和角色动画两部分。

（1）制作字幕动画。字幕动画分为"制作字母出现前的效果"和"制作字幕出现的效果"两部分。

① 制作字幕出现前的切入效果：

■ 按快捷键〈Ctrl+J〉，在弹出的"文档属性"对话框中设置相关参数，单击"确定"按钮，如图9-97所示。

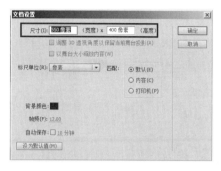

图9-97 设置文档属性

■ 执行菜单栏中的"插入|新建元件"（快捷键〈Ctrl+F8〉）命令，新建"切入"图形元件。

■ 单击工具箱中的 ◎（椭圆工具），在"颜色"面板中设置相关参数（见图9-98），然后在舞台中绘制圆形，如图9-99所示。

图9-98 设置渐变色

图9-99 绘制圆形

 提示

圆形两端的颜色虽然一致，但Alpha值一端为100%，一端为0%，从而产生出边缘羽化的效果。

■ 单击 场景1 按钮（快捷键〈Ctrl+E〉），回到"场景1"，将"切入"元件从"库"面板中拖入工作区中，并利用"对齐"面板将其居中对齐。

■ 单击时间线的第5帧，按快捷键〈F6〉，插入关键帧。然后，选择工具箱中的 ▥（任意变形工具）将"切入"元件拉大并充满舞台。接着，在第1帧上右击，在弹出的快捷菜单中执行"创建传统补间"命令，从而在第1~5帧之间创建传统补间动画。此时按〈Enter〉键，即可看到

"切入"元件由小变大的效果，如图9-100所示。

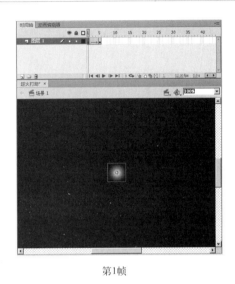

第1帧   第5帧

图9-100 "切入"元件由小变大的效果

② 制作字幕出现的效果：

■ 制作文字"趁"出现前的橘红色光芒突现效果。方法：在"场景1"中新建"图层2"，然后在第6帧按快捷键〈F6〉，插入关键帧。接着，按快捷键〈Ctrl+F8〉，新建"爆炸光"图形元件。具体的制作过程与前面相似，在此不再详细说明，结果如图9-101所示。

按快捷键〈Ctrl+E〉，重新回到"场景1"。将"爆炸光"元件从"库"面板中拖入舞台，放置位置如图9-102所示。

图9-101 制作"爆炸光"元件   图9-102 在"场景1"中放置"爆炸光"元件

在第8帧按快捷键〈F6〉，插入关键帧。然后，单击第6帧，使第6帧的"爆炸光"处于被选中的状态。接着，按快捷键〈Ctrl+T〉，在弹出的"变形"面板中修改参数使之变小，如图9-103所示，结果如图9-104所示。此时按〈Enter〉键，即可看到橘红色光芒突现的效果。

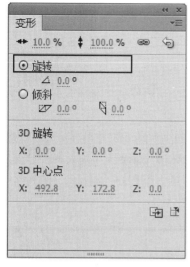

图9-103　调整大小

图9-104　调整后效果

■ 按快捷键〈Ctrl+F8〉，新建word1图形元件。然后，选择工具箱中的 **T**（文本工具），参数设置如图9-105所示，然后在工作区中输入文字"趁"，如图9-106所示。

图9-105　设置文字属性

图9-106　输入文本

■ 制作文字重影效果。方法：使文字处于被选状态，按快捷键〈Ctrl+C〉，复制文字，然后新建"图层2"，按快捷键〈Ctrl+Shift+V〉，将文字原位粘贴。再使用方向键使刚粘贴上的文字向左移动到合适的位置，并改变其颜色。接着，将"图层2"移到"图层1"的下方，结果如图9-107所示。

提示

　　按快捷键〈Ctrl+Shift+V〉可将图形复制到原位。按快捷键〈Ctrl+Shift〉只是单纯的复制，不能原位复制。

■ 同理，新建"图层3"，按快捷键〈Ctrl+Shift+V〉，将文字原位粘贴。然后，改变颜色和位置，结果如图9-108所示，此时时间轴分布如图9-109所示。

图9-107　制作第1个重影

图9-108　制作第2个重影

图9-109　时间轴分布

■ 制作文字"趁"突现效果。方法：按快捷键〈Ctrl+E〉，回到"场景1"。然后，在"图层2"的第10帧，按快捷键〈F7〉，插入空白的关键帧。再将Word1图形元件从库中拖入舞台。

为了保证文字"趁"位于前面的爆炸形光芒的中央，下面单击第10帧，激活 （编辑多个帧）按钮，将文字与光芒对齐，结果如图9-110所示。

提示

通过这一步的制作，就可以看到图9-110所示的阴影。

在第13帧，按快捷键〈F6〉，插入关键帧。然后，在"变形"面板中将数值改为85%，从而使其缩小。接着，在第10~13帧之间创建传统补间动画，此时时间轴如图9-111所示。

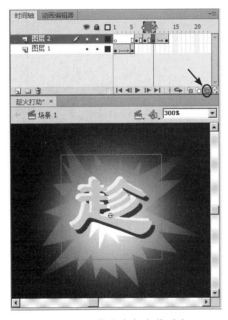
图9-110　将文字与光芒对齐

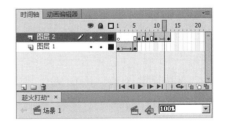
图9-111　时间轴分布

■ 前面通过激活 （编辑多个帧）按钮，来显示前面的帧画面，从而实现文字与橘黄色爆炸形光芒对位，但此时文字后面是没有光芒的，下面来制作文字出现后的光芒。方法：在"图层1"上方新建"图层3"，然后，在第10帧按快捷键〈F6〉，插入关键帧。然后选择工具箱中的 （椭圆工具），设置渐变色，如图9-112所示，然后绘制圆形，如图9-113所示。

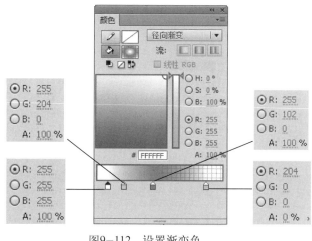

图9-112 设置渐变色

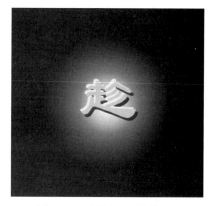

图9-113 绘制圆形光芒

选中新绘制的圆形，按快捷键〈F8〉，将其转换为"光芒"元件。然后，在第13帧按快捷键〈F6〉，插入关键帧。接着，在第10帧，选中舞台中的"光芒"元件，在"属性"面板中将Alpha设为0%，如图9-114所示。然后，在第10帧与13帧之间创建传统补间动画，最后按键盘上的〈Enter〉键，即可看到文字"趁"由大变小的过程中橘红色圆形光芒渐现的效果。此时，时间轴如图9-115所示。

图9-114 将Alpha设为0%

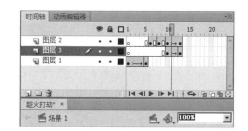

图9-115 时间轴分布

■ 同理，制作"火""打"和"劫"的文字效果。为了保证后面文字出现时前面的文字不消失，下面选择"图层1"以外的所有层，在第37帧按快捷键〈F5〉，将它们的总长度延长到第37帧。此时时间轴分布如图9-116所示。

■ 按快捷键〈Ctrl+Enter〉，即可看到富于视觉冲击力的文字逐个出现的效果。

（2）制作角色动画。角色动画分为"制作角色打斗过程""制作小和尚周围的光芒""制作恶人所发出的光波""制作恶人倒地时的金星效果"和"添加背景"五部分。为了便于管理，角色动画在另一个场景中制作。

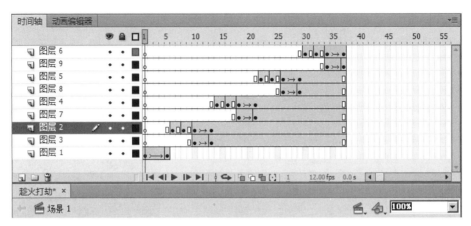

图9-116 "场景1"的最终时间轴分布

① 制作角色打斗过程：

■ 执行菜单栏中的"窗口|其它面板|场景"命令，打开"场景"面板，单击面板下方的 + （添加场景）按钮，添加"场景2"，如图9-117所示。

■ 从"库"面板中将"发功"和"动作1"元件拖入舞台，放置位置如图9-118所示。

图9-117 新建"场景2"

 提示

场景面板中的场景在预览时是按排列的先后顺序出场的，双击场景名称就可以进入编辑。

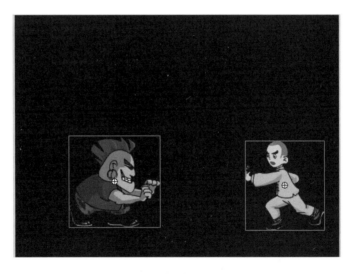

图9-118 在第1帧放置元件

■ 分别在第6、8、10、12、14、16、18、20、22、26帧按快捷键〈F6〉，插入关键帧，然后从"库"面板中将前面准备的相关元件拖入舞台，放置位置如图9-119所示。接着，在第40帧按快捷键〈F5〉，使时间轴的总长度延长到第40帧，此时时间轴分布如图9-120所示。

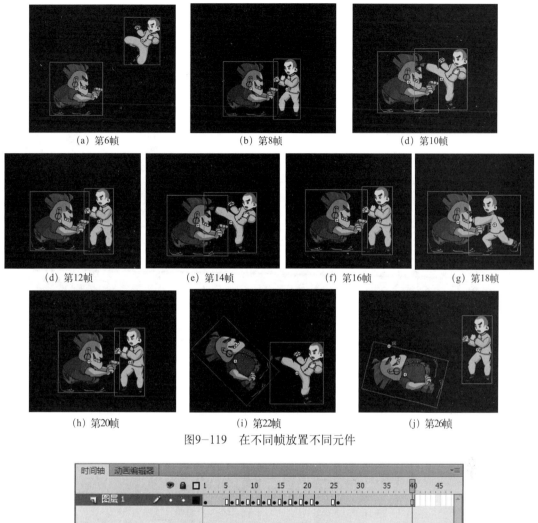

(a) 第6帧　　　　　　(b) 第8帧　　　　　　(d) 第10帧

(d) 第12帧　　　(e) 第14帧　　　(f) 第16帧　　　(g) 第18帧

(h) 第20帧　　　　　(i) 第22帧　　　　　(j) 第26帧

图9-119　在不同帧放置不同元件

图9-120　时间轴分布

② 制作小和尚周围的光芒：

■ 按快捷键〈Ctrl+F8〉，新建light1图形元件。

■ 选择工具箱中的，设置线条![]，在"颜色"面板中设置渐变色，如图9-121所示。接着，在舞台中绘制圆形，如图9-122所示。

■ 按快捷键〈Ctrl+F8〉，新建light2图形元件。然后选择工具箱中的，设置矩形线条为![]，在"颜色"面板中设置渐变色，如图9-121所示，类型选择"线性"，绘制矩形，如图9-123所示。

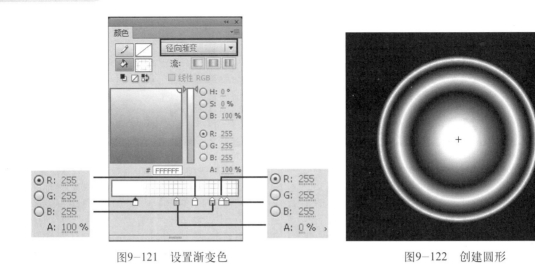

图9-121　设置渐变色　　　　　　　　　　图9-122　创建圆形

图9-123　创建矩形

■ 按快捷键〈Ctrl+F8〉，新建light3图形元件。然后，从"库"面板中将light1和light2图形元件拖入舞台，放置位置，如图9-124所示。接着，利用工具箱中的 ▦ (任意变形工具)，将light2图形元件的中心点放置到圆心，再利用"变形"面板将其旋转45°进行反复复制7次，从而制作出光芒四射的效果，结果如图9-125所示。

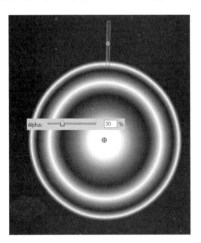

图9-124　组合元件

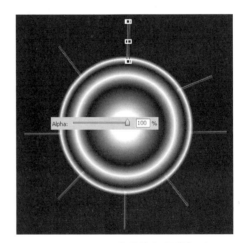

图9-125　光芒四射的效果

■ 制作光芒四射的光环渐现并逐渐放大的效果。方法：按快捷键〈Ctrl+F8〉，新建light4图形元件。然后，从"库"面板中将light3图形元件拖入舞台，并在"属性"面板中将其Alpha值 设为30%，接着在第5帧按快捷键〈F6〉，插入关键帧，再将其放大，并将Alpha设为100%。最后，在第1~5帧之间创建补间动画，如图9-126所示。

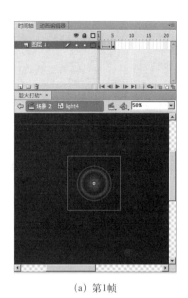

(a) 第1帧

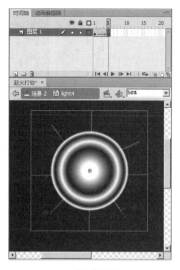

(b) 第5帧

图9-126 制作光环渐现并逐渐放大效果

■ 回到"场景2",新建"图层2",然后从"库"面板中将light4元件拖入舞台,放置位置如图9-127所示。然后,在第6帧按快捷键〈F7〉,插入空白关键帧,从"库"面板中将light3元件拖入舞台,放置位置如图9-128所示。接着,分别在第8、10、12、14、16、18帧按快捷键〈F6〉,插入关键帧,并调整light3元件的大小,如图9-129所示。

图9-127 在第1帧放置light4元件

图9-128 在第6帧 放置light3 元件

■ 在时间轴"图层2"的第21帧按快捷键〈F5〉,插入普通帧,从而将时间轴的总长度延长到第21帧,此时时间轴分布如图9-130所示。

(a) 第8帧

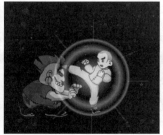

(b) 第10帧

(c) 第12帧

图9-129 调整"light3"元件的大小

（d）第14帧 （e）第16帧 （f）第18帧

图9-129 调整"light3"元件的大小（续）

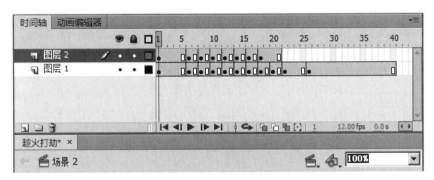

图9-130 时间轴分布

③ 制作恶人所发出的光波：

■ 按快捷键〈Ctrl+F8〉，新建light5图形元件。然后，选择工具箱中的 （椭圆工具），设置线条 ，在"颜色"面板中设置相关参数（见图9-131），再在舞台中绘制椭圆形，并用 （渐变变形工具）对其进行调整，如图9-132所示。

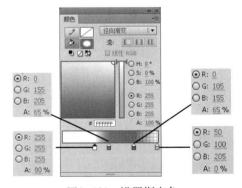

图9-131 设置渐变色

图9-132 绘制椭圆并调整渐变色

■ 按快捷键〈Ctrl+F8〉，新建light6图形元件。然后选择工具箱中的 （椭圆工具），设置线条为 ，绘制图形并调整渐变方向，如图9-133所示。接着，从"库"面板中将light5元件拖入舞台并配合〈Alt〉键复制，结果如图9-134所示。

图9-133 绘制图形

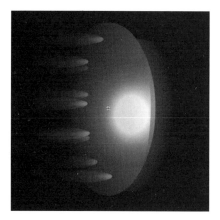

图9-134 组合图形

■ 制作恶人发功效果。方法：回到"场景2"，然后新建"图层3"，再从"库"面板中将light6元件拖入舞台，放置位置如图9-135所示。接着，在第5帧按快捷键〈F6〉，插入关键帧，将light6元件水平向右移动到小和尚的位置，并适当缩放，如图9-136所示。最后，创建"图层3"第1~5帧之间的传统补间动画。此时时间轴分布如图9-137所示。

图9-135 在第1帧 将light6元件拖入舞台

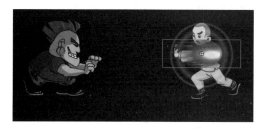

图9-136 在第5帧移动并缩放light6元件

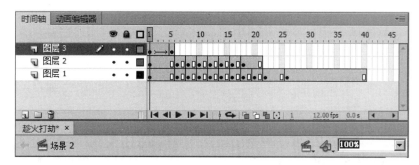

图9-137 时间轴分布

④ 制作恶人倒地时的金星效果：

■ 按快捷键〈Ctrl+F8〉，新建"星星"图形元件。然后，按住工具箱中的 ▥ （矩形工具）不放，从弹出工具中选择 ◯ （多角星形工具）。接着，设置为线条为无色，填充为黄色。再单击"属性"面板中的"选项"按钮（见图9-138），在弹出的对话框中设置相关参数，单击"确定"按钮，如图9-139所示。

图9-138　单击"选项"按钮　　　　　　　　　图9-139　设置多边形参数

■ 在工作区中绘制五角星，如图9-140所示。

■ 单击时间轴的第3帧，按快捷键〈F6〉，插入关键帧。然后，绘制其他五角星，如图9-141所示。

图9-140　在第1帧绘制五角星　　　　　　　图9-141　在第3帧绘制五角星

■ 同理，分别在时间轴的第5帧和第7帧按快捷键〈F6〉，插入关键帧，然后调整位置，如图9-142所示。

> 💡 **提示**
>
> 　　读者也可以改变第3帧和第7帧五角星的颜色，从而使五角星在运动时产生一种闪烁的效果。

■ 回到"场景2"，在时间轴"图层1"的第26帧，从库中将"星星"元件拖入舞台，放置位置如图9-143所示。

　　　　（a）第5帧　　　　　　　　　　　　　　（b）第7帧

图9-142　在第5帧和第7帧绘制五角星

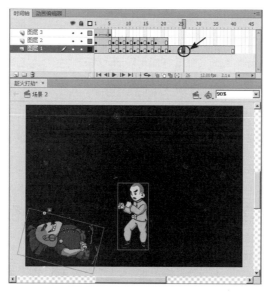

图9-143 在第26帧放置"星星"元件

⑤ 添加背景：

■新建"图层4"，然后执行菜单栏中的"文件|导入|导入到舞台"命令，导入"配套光盘|素材及结果\9.3制作《趁火打劫》动作动画\背景.png"图片，结果如图9-144所示。

■至此，"场景2"制作完毕，此时时间轴分布如图9-145所示。

9.3.5 作品合成与发布

执行菜单栏中的"文件|发布设置"命令，在弹出的对话框中选中"Win放映文件(.exe)"复选框，如图9-146所示，单击"确定"按钮，从而将文件输出为可执行的程序文件。

图9-144 添加背景后效果

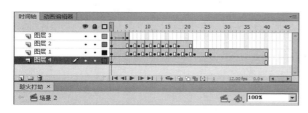

图9-145 "场景2"最终时间轴分布

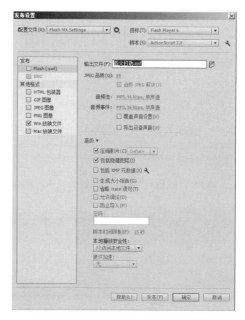

图9-146 发布设置

> **提示**
>
> 　　在这个动画的制作过程中，使用的全部是"图形"元件，而没有使用"影片剪辑"元件，这是为了防止如果输出为.avi格式的文件时可能出现的元件旋转等信息无法识别的情况。这一点大家一定要记住。

课 后 练 习

操作题

（1）制作一个带有跳转页面的网站，如图9-147示。参数可参考配套光盘中的"课后练习\9.4课后练习\练习1\动漫网站.fla"文件。

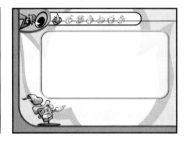

图9-147　跳转页面

（2）从编写剧本入手，制作一个公益广告的动画，并将其输出为.exe格式文件。制作要求：剧情贴近生活、切要有时尚感，角色设计要有个性，画面色彩搭配合理。

附录 A

部分课后练习参考答案

第1章　Flash CS6概述

1. 填空题

（1）通过Flash绘制的图是<u>矢量图</u>，这种图的最大特点在于无论放大还是缩小，画面永远都会保持清晰，不会出现类似位图的锯齿现象。

（2）Flash CS6的操作界面由<u>菜单栏</u>、<u>主工具栏</u>、<u>工具箱</u>、<u>时间轴</u>、<u>舞台</u>和<u>面板组</u>组成。

2. 选择题

（1）答案：C　　　　（2）答案：D

第2章　Flash CS6的绘制与编辑

1. 填空题

（1）使用<u>钢笔工具</u>可以绘制精确的路径；使用<u>橡皮擦工具</u>可以快速擦除笔触或填充区域中的任何内容。

（2）利用<u>将线条转换为填充</u>命令可以将矢量线条转换为填充色块。

2. 选择题

（1）答案：A　　　　（2）答案：A　　　　（3）答案：B

第3章　Flash CS6的基础动画

1. 填空题

（1）Flash中的基础动画可以分为<u>逐帧动画</u>、<u>传统补间动画</u>和<u>形状补间动画</u>3种类型。

（2）"插入帧"的快捷键<u>〈F5〉</u>；"删除帧"的快捷键<u>〈Shift+F5〉</u>；"插入关键帧"的快捷键<u>〈F6〉</u>；"插入空白关键帧"的快捷键<u>〈F7〉</u>；"清除关键帧"的快捷键<u>〈Shift+F6〉</u>。

2. 选择题

（1）答案：B　　　　（2）答案：C

第4章　Flash CS6的高级动画

1. 填空题

（1）遮罩动画的创建需要两个图层，即<u>遮罩层</u>和<u>被遮罩层</u>；引导层动画的创建也需要两个图层，即<u>引导层</u>和<u>被引导层</u>。

（2）利用<u>分散到图层</u>命令可以将同一图层上的多个对象分散到多个图层当中。

2. 选择题

（1）答案：ABD　　　　　　　　（2）答案：AB

第5章　图像、声音与视频

1. 填空题

（1）在时间轴中选择相关声音后，在其属性面板"同步"下拉列表中有<u>事件</u>、<u>开始</u>、<u>停止</u>和<u>数据流</u>4个同步选项可供选择。

（2）在Flash CS6的"声音属性"对话框中，可以对声音进行"压缩"处理。打开"压缩"下拉列表，其中有<u>默认</u>、<u>ADPCM</u>、<u>MP3</u>、<u>原始</u>和<u>语音</u>5种压缩模式。

2. 选择题

（1）答案：ABCD　　　　　　　（2）答案：D

第6章　交互动画

1. 填空题

（1）"动作"面板由<u>动作工具箱</u>、<u>脚本导航器</u>和<u>脚本窗口</u>3部分组成。

（2）动作脚本中的变量包含<u>本地变量</u>、<u>时间轴变量</u>和<u>全局变量</u>3种类型。

2. 选择题

（1）答案：AC　　　　　　　　（2）答案：ABCD

第7章　组件与行为

1. 填空题

（1）Flash CS6的"组件"面板中包含<u>Media</u>、<u>User Interface</u>和<u>Video</u> 3类组件。

（2）在"行为"面板中单击（添加行为）按钮，然后从弹出的下拉列表中选择"Web|转到Web页"命令后，会弹出"转到URL"对话框，在该对话框中可以设置<u>_blank</u>、<u>_parent</u>、<u>_self</u> 和<u>_top</u> 4种打开页面的目标窗口的方式。

2. 选择题

（1）答案：ABCD　　　　　　　（2）答案：ABCD

第8章　动画测试与发布

1. 填空题

（1）Flash CS6提供了<u>JPEG</u>、<u>GIF</u>和<u>PNG</u> 3种位图压缩格式。

（2）<u>QuickTime</u>影片格式是Apple公司开发的一种音频、视频文件格式，用于存储常用数字媒体类型。

2. 选择题

（1）答案：D　　　　　　　　（2）答案：A

第9章　综合实例

答案略。